绿色生态农业新技术丛书

浙江省农业科学院
老科技工作者协会组编

猕猴桃

MIHOUTAO GAOXIAO YOUZHI
SHENGLIHUA ZAIPEI JISHU

高效优质省力化栽培技术

谢 鸣 张慧琴 编著

中国农业出版社

前　言

　　猕猴桃是一种原产我国的多年生落叶藤本果树，隶属猕猴桃科猕猴桃属。该属植物有 54 个物种，21 个变种，共 75 个分类单元。我国为世界猕猴桃的起源中心和分布中心，除白背叶猕猴桃（*Actinidia hypoleuca* Nakai，分布于日本）及尼泊尔猕猴桃（*A. strigosa* Hooker f. and Thomas，分布于尼泊尔）两个种外，其他均为我国特有分布和中心分布。广义上的猕猴桃指的就是在中国的特有属，其物种资源、优异种质丰富。

　　猕猴桃由驯化到商业栽培，已成为 20 世纪野生植物资源发掘利用大获成功的典范。我国的猕猴桃产业化虽迟于新西兰，但在其资源利用方面却远早于新西兰，据《诗经》的记载，可追溯到公元前 500～1 000 年。我国猕猴桃的产业化发展大致可划分为以下三个阶段：第一个阶段为高速发展期，从 1978 年的 1 公顷猕猴桃商品化基地（全国首个）发展到 1996 年的 4 万公顷；第二个阶段为中低速发展期，从 1996 年发展到 2002 年的 5.7 万公顷；第三阶段又为高速发展期，由此发展到 2016 年的 25 万公顷。目前我国猕猴桃的面积和产量均高居世界首位，年创产值超过 200 亿元。

　　本书编著者所在单位浙江省农业科学院，是全国最早开展猕猴桃研究的科研机构之一。由编著者及其团队主持完成的"猕猴桃资源调查和利用"获浙江省科技进步三等奖，"猕猴桃产业化配套技术"项目获浙江省科技进步二等奖，参加完成的项目"基本查清全国猕猴桃种质资源"获 1991 年国家科技进步奖三等奖。自主育成了华特、玉玲珑、金喜等新品种，以及丽红、金丽、龙优 8 号、龙优 25 号、龙优 52 号、开化 5 号等新优系。其中毛花猕猴桃华特于 2008 年获得中国植物新品种权保护（品种权号为 CNA20050673.0），并于 2011 年通过浙江省审定；玉玲珑和金喜先后于 2014 年和 2016 年通过浙江省审定。通过有关研究，提出了猕猴桃设施避雨栽培、高光效整形修剪、高效授粉和溃疡病综合防控等新技术、新模式。

编著者现对近 10 年来的工作实践和学习心得逐一梳理，并在参考诸多相关文献的基础上编成此书。本书共 11 章，在强调先进性、实用性和可操作性的同时，坚持突出一个"新"字贯穿全书。例如：在有关品种的章节中，介绍了国内外最新育成的品种（系）红什 2 号、金圆、金丽和太阳金（Sungold）等；在有关新技术的章节中，阐述了设施避雨栽培、溃疡病综合防控、高效授粉和灾害性天气的防御对策等新技术。

本书的编写和出版，得到了浙江省农业科学院及其有关职能部门的大力支持和帮助，得到了业内同仁和各界朋友的关注和厚爱，在此一并表示衷心感谢。

编著者

2017 年 11 月于浙江省农业科学院园艺研究所

目　录

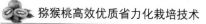

第一章

中国猕猴桃概况

猕猴桃风味独特，口感鲜美，富含维生素 C、膳食纤维和多种矿物质，并具有诸多的保健功效，是当今世界备受青睐的重要水果之一。猕猴桃自 20 世纪初开始驯化至今仅有 100 余年的栽培历史，但其发展速度惊人、经济效益可观。

中国虽为猕猴桃的原产中心，然而真正意义上的商业化栽培却始于新西兰。20 世纪初，新西兰人从中国带走野生猕猴桃种子，而后从中选育出可用于猕猴桃商业化栽培的品种；30 年代初，世界上首个猕猴桃园建立于该国的 Wangannui；50～70 年代，新西兰猕猴桃栽培逐步实现了集约化、产业化和国际化。70 年代末，猕猴桃商业化栽培才在全球展开，目前有 20 多个国家栽培猕猴桃。我国虽然自 2 000 多年前以来一直都有零星栽培猕猴桃的尝试，但其商业化栽培亦起步于 70 年代末，迄今已发展成为最大的猕猴桃生产国，其面积和产量均居世界第一，从而打破了新西兰猕猴桃主宰世界商业化生产 70 余年的格局，迎来了我国猕猴桃产业辉煌的新时期。

一、我国猕猴桃产业迅速崛起

（一）面积产量

改革开放以来，我国猕猴桃商业化生产呈现持续快速增长态势，其发展速度始终保持世界领先。从 1978 年约 1 公顷的猕猴桃生产面积为起点，1990 年发展到 4 000 公顷，1996 年猛增至 4 万公顷，之后一直成倍增长。据国际猕猴桃组织（IKO）估计，2013 年中国猕猴桃产量为 123.63 万吨，占世界总产量 242.8 万吨的 50.9％（表 1）；猕猴桃栽培面积 10.9 万公顷，占世界栽培总面积 18.67 万公顷的 58.4％。据中国种植业信息网提供的数据，2014 年中国猕猴桃产量 202.28 万吨，栽培面积 16.96 万公顷，分别比 2013 年增加了 63.6％和 55.6％。

表 1　中国猕猴桃主产区 2013 年产量分布与所占比例

(Ferguson, 2014)

省份	产量（吨）	占总产量的比例（％）
陕西	600 000	48.53
四川	173 000	13.99
湖南	113 649	9.19
浙江	80 750	6.53
江西	75 500	6.11
河南	68 800	5.56
贵州	39 668	3.21
广东	28 180	2.28
河北	20 000	1.62
其他省份	36 753	2.97
总产量	123 6300	约 100％

（二）区域布局

中国的猕猴桃主产区分布于陕西、四川、湖南、浙江、江西、河南、贵州、广东和湖北等省份。其中陕西省是全国最大的猕猴桃产区，2014 年其猕猴桃栽培面积达 6.2 万公顷，占全国总面积的 36.6％，产量为 120.59 万吨，占全国总产量的 59.6％。四川省为我国第二大猕猴桃产区，2014 年其猕猴桃栽培面积达 3.5 万公顷，产量为 17.52 万吨。而其他主产区（除河南省之外）的猕猴桃栽培面积为 0.3 万～1.5 万公顷，产量在 1.43 万～7.26 万吨（中国种植业信息网）。

（三）品种结构

我国的猕猴桃栽培品种按其果肉颜色分成绿肉、黄肉和红肉（心）三类，其中绿肉品种多数选自美味猕猴桃（*A. chinensis* var. *deliciosa* A. Chevalier），而黄肉品种和红心（内果皮）品种均选自中华猕猴桃（*A. chinensis* Planchon）。根据第八届国际猕猴桃会议（2014 年，四川蒲江）资料，我国种植的猕猴桃绿肉品种占总产量的 75.3%，黄肉品种占 7.7%，红心品种占 8.1%，其他如毛花猕猴桃和软枣猕猴桃占 8.9%。绿肉类品种主要有海沃德、徐香、秦美、米良 1 号、金魁、贵长、亚特、布鲁诺、武植 3 号、翠玉、翠香；黄肉类品种主要有金艳、华优、金丰和金桃；红肉类品种主要有红阳、东红和晚红。其中海沃德、秦美、徐香、红阳、米良 1 号和金艳的栽植面积较大，2013 年前 5 个品种占总产量的比例分别达到 33.1%、12.2%、12.1%、8.1% 和 7.3%（表 2）。

表 2　中国不同品种 2013 年面积、产量、比例和批发价

（Ferguson，2014）

品种	分类	面积（公顷）	产量（吨）	品种产量占总产量比例（%）	批发价（元/千克）
绿肉					
海沃德	美味	28 730	409 500	33.1	20
徐香	美味	9 830	149 600	12.1	10
秦美	美味	8 170	150 600	12.2	6
米良 1 号	美味	6 500	90 000	7.3	3
金魁	美味	3 560	58 300	4.7	20
贵长	美味	2 000	20 000	1.6	20

（续）

品种	分类	面积 （公顷）	产量 （吨）	品种产量占 总产量比例 （%）	批发价 （元/千克）
绿肉					
亚特	美味	1 330	18 000	1.5	10
布鲁诺	美味	670	15 000	1.2	14
武植 3 号	中华	680	11 000	0.9	16
翠玉	中华	670	9 000	0.7	—
翠香	美味	1 000	4 350	0.4	—
黄肉					
华优	美味×中华自然杂交	3 330	44 000	3.6	10
金艳	毛花×中华	7 680	39 600	3.2	40
金丰	中华	700	10 500	0.8	12
金桃	中华	730	400		40
红肉（心）					
红阳	中华	16 630	100 000	8.1	56
其他		17 360	106 450	8.6	
总和		109 570	1 236 300		

（四）贸易状况

与新西兰、意大利、智利和希腊等主要猕猴桃生产国和出口国不同，中国的猕猴桃生产主要面向内销，目前其年出口量一般尚不足年生产量的1%。我国作为世界最大的猕猴桃生产国，2013年出口猕猴桃仅1 478吨，而进口猕猴桃达48 243吨。进出口量相抵，国内猕猴桃年销量约达128.31万吨。猕猴桃售价主要因品种不同而差异较大。以2013年为例（表2），每千克红阳猕猴桃批发价为人民币56元，而米良1号仅3元，海沃德20元，徐香10元，秦美6元，金艳、金桃均为40元。

（五）产业技术

我国自 1978 年开展猕猴桃种质资源普查以来，在品种选育及种质创新、果园栽培技术、育苗、贮运保鲜及加工利用等产业技术方面均取得了重要进展和长足发展，为我国猕猴桃产业的快速崛起提供了技术支撑。特别在品种选育和种质创新方面：首先基本查清了我国猕猴桃资源的状况，全国有 27 个省、自治区、直辖市完成了全省或部分地区、县的猕猴桃资源调查。猕猴桃原产我国，全世界猕猴桃属植物共有 54 种，其中有 52 个为中国特有分布和中心分布，其物种资源和优异种质资源极为丰富。其次获得了一批猕猴桃新品种、新品系。从美味猕猴桃、中华猕猴桃、软枣猕猴桃及毛花猕猴桃野生群体中筛选出了 1 450 个优良单株，并通过实生、杂交和芽变等育种方法选育出 100 多个优良猕猴桃品种（系）。其中，红阳、金艳等 9 个品种已成为我国的主栽品种，中国科学院武汉植物研究所选育的金桃（武植 6 号）已成功进入欧洲市场，湖北省农业科学院果树茶叶研究所选育的鄂猕 2 号（金农）和鄂猕 3 号（金阳）也已成功进入美洲市场，而浙江省农业科学院园艺研究所最新育成的华特和玉玲珑等毛花猕猴桃品种，率先发掘了一个我国特有的猕猴桃优异种质。

二、猕猴桃产业技术存在的问题与对策

（一）存在问题

1. 品种不够优化　缺乏能引领市场导向的重大品种，红阳、金桃等主栽品种易感染毁灭性的猕猴桃细菌性溃疡病。品种结构和区域布局不合理，优质品种、早熟品种、抗病品种和区域特色品种的栽培面积偏少或尚没形成规模化生产。品种更新换代较慢，低档次的劣质品种仍在充斥市场。

2. 良法不够健全　标准化生产技术不系统、不全面、不深入。整形修剪、肥水调控、花果管理、病虫防治和采收贮运等关键技术欠完善、不到位。绿色生产意识不够强，化学肥料和农药过量使用严重，果实膨大剂滥用现象依然存在。品质的均一化和稳定性较差，优质果率比例偏低，果品市场竞争力不强。

3. 苗木不够优良　猕猴桃良苗繁育体系不健全、不配套，缺乏标准化、专业化、设施化和规模化的优质苗木生产基地。苗木品种不纯甚至混杂、质量良莠不齐现象比比皆是，优质苗木的比例较低。无性系专用砧木和抗性砧木缺乏，育苗方法和育苗设施落后。

4. 园地不够条件　猕猴桃生产园地要求土层深厚，疏松肥沃，通透性好，土壤微酸性至中性，排灌方便，并保持地下水位在 1 米以下。但目前我国多数猕猴桃园地尚不能完全达到以上土壤条件，加之基础设施简陋，抗涝抗旱的能力十分不理想，以致涝害、旱灾或由此引发的病虫害频繁发生。

（二）主要对策

1. 加快重大品种选育，优化产业布局和品种结构　做好我国猕猴桃优势区域发展规划，突出优势区域的资源特色，适当压缩低档次品种，控制易感溃疡病品种的比例，重点发展优质、早熟、抗溃疡病和具有区域特色的优势品种。

2. 强化标准化技术研发，实现优质果生产，提质、节本、增效　研发集成无公害生态栽培技术、提质节本增效栽培技术、营养诊断配方施肥技术、病虫害绿色生物防治及专业化统防统治技术、高效商品化处理技术，建立完善实用性强、可操作的标准化生产技术规程，加大标准化生产技术的培训和指导，结合标准猕猴桃园的建设，大力推进猕猴桃产业的改造升级。

3. 加强良种繁育体系建设，提高优质种苗覆盖率　建立猕猴桃优质标准化苗木工厂化繁育技术体系。建立猕猴桃砧木、品种品系无病毒资源圃、优新品种栽培中试基地、良砧良穗苗木培育基地，集品种引进、选育、中试、脱毒、扩繁、推广为一体，实现猕猴桃生产的良种优系化、栽培技术标准化、生态环保化。完善苗木生产技术标准和质量检测标准，在苗木繁育技术上，逐步使用抗逆性砧木嫁接，培育适应集约化栽培、进入结果年限早的健康大苗。

4. 加强技术装备的研发与推广，提高综合生产能力　引导企业参与，整合物质、技术资源，加强项目衔接，提高产前、产中和产后各个生产环节的综合机械化水平，提高资源利用率和劳动生产率，实现猕猴桃产业的省力化、机械化、集约化发展。

5. 研发采后商品化处理和加工技术，提高产品档次和附加值　大力推行猕猴桃采后商品化处理、精深加工和废料加工、下脚料的综合开发利用，对商品化处理与加工技术中的关键环节进行攻关，减少采后损失，提高猕猴桃商品化处理能力及精深加工能力，促进产品多样化和产业链延伸，增加产品附加值。

第二章

猕 猴 桃 品 种

优良品种是猕猴桃产业效益的前提和保证，是产业发展的首要因素，选择好适销对路的品种是其高效经营的坚实基础。目前，生产上对品种的选择要求主要为果实品质佳、外观美，树体适性广、抗逆（病）性好、投产早、丰产稳产。现在生产上栽培的猕猴桃从种类上分类，主要为美味猕猴桃和中华猕猴桃，其次为毛花猕猴桃和软枣猕猴桃；从果肉颜色上又分为绿肉、黄肉和红肉等3个系列的品种。其主要栽培品种介绍如下：

一、中华猕猴桃雌性品种

（一）红肉系列

1. **红阳** 由四川省自然资源研究所和四川省苍溪县农业局从野生中华猕猴桃资源实生后代中选出。果实长圆柱形兼倒卵形，果顶凹陷，果皮绿色，果毛柔软易脱，果皮薄，果肉外缘黄绿色、中轴白色，种子分布区果肉呈鲜红色，呈放射状图案，单果重50～80克。含酸量低，可溶性固形物含量19.6%，每100克鲜果维生素C含量136毫克。该品种品质优良，树势较弱，对溃疡病、褐斑病、叶斑病的抗性比较弱，耐旱、耐热性差。3月初萌芽，4月中旬初花，8月下旬成熟。

2. **楚红** 由湖南省农业科学院园艺研究所从野生猕猴桃资源中选育而成。果实长椭圆形或扁椭圆形，单果重70～80克，果皮深绿色无毛，果肉黄绿色，近中央部分中轴周围呈艳丽的红色，横切面从外到内呈现绿色—红色—浅黄色。果肉细嫩，可溶性固形物含量 14%～18%，有机酸含量 1%～2%，每 100 克鲜果维生素 C 含量 100～150 毫克，果实贮藏性一般。该品种适应范围广，具有较强的抗高温干旱和抗病虫能力。其在湖北武汉，3 月中旬萌芽，4 月底至 5 月初开花，9 月下旬果实成熟，配套雄性品种为磨山 4 号。

（二）黄肉系列

1. **金艳**　由中国科学院武汉植物园于 1984 年利用毛花猕猴桃作母本、中华猕猴桃作父本，从 F_1 代中选育而成。果实长圆柱形，单果重 100～120 克，果顶微凹，果蒂平；果皮厚，黄褐色，密生短茸毛。果肉黄色，质细多汁，味香甜，可溶性固形物含量 14%～16%，总糖 9%，有机酸含量 0.9%，每 100 克鲜果维生素 C 含量 105 毫克。果实较耐贮，软熟后货架期长达 15 天，低温下（0～2℃）可贮存 6 个月。该品种树势生长旺，3 月上旬萌芽，4 月底至 5 月上旬开花，10 月底至 11 月上旬果实成熟，配套雄性品种为磨山 4 号。

2. **金桃**　由中国科学院武汉植物园于 1981 年从野生中华猕猴桃资源中选出。果实长圆柱形，平均果重 90 克，成熟时果面光洁无毛，外观漂亮。果实可溶性固形物含量 15%～18%，总糖 8%～10%，有机酸 1.2～1.7%，每 100 克鲜果维生素 C 含量 197 毫克。品质上等，耐贮。该品种树势中庸，枝条萌发力强，结果早，丰产稳产，耐热性好。3 月中下旬萌芽，4 月下旬至 5 月上旬初开花，9 月中下旬果实成熟。配套雄性品种为磨山 4 号。

3. **黄金果（Hort - 16A）**　新西兰专利品种，果实长卵圆形，果喙端尖，果实中等大小，单果重 80～140 克。软熟果肉黄色至金黄色，肉质细嫩，具芳香，风味浓郁，可溶性固形物含量 15%～19%。树势旺，枝条萌发率强，极易形成花芽，连续结果能力强，坐果率达 90% 以上。在四川蒲江县 3 月初萌芽，4 月上、中旬初花，9 月下旬成熟。授粉品种为 Sparkler 和 Meteor。

4. 金丰 由江西省农业科学院园艺研究所从江西省奉新县野生资源中选育而成。果实椭圆形，整齐一致，单果重 81～107 克，果皮黄褐色至深褐色，密被短茸毛，易脱落。果肉黄色，质细汁多，甜酸适口，微香，可溶性固形物含量 10%～15%，总糖 5%～11%，有机酸 1.1%～1.7%，每 100 克鲜果维生素 C 含量 89～104 毫克。果心较小，果实较耐贮运。该品种植株长势强，抗风、耐高温、干旱能力强、适应性广，是较好的制汁、鲜食兼用的晚熟品种。3 月上旬萌芽，4 月下旬开花，10 月中下旬果实成熟。配套雄性品种为磨山 4 号。

5. 华优 由陕西省农村科技开发中心、周至猕猴桃试验站、西北农林科技大学等单位共同从酒厂收购的混合种子实生后代中选育而成。果实椭圆形，单果重 80～110 克，果皮黄褐色，茸毛稀少，果皮较厚，较难剥离。果肉黄色或黄绿色，肉质细，汁液多，香气浓，风味甜，可溶性固形物含量 17%，总酸含量 1.1%，每 100 克鲜果维生素 C 含量 162 毫克；果心小，柱状，乳白色。果实在室温下，后熟期 15～20 天，在 0℃ 条件下，可贮藏 5 个月左右。该品种树势强健，抗性强，在陕西，3 月中旬萌芽，4 月底至 5 月上旬开花，9 月中旬果实成熟，配套雄性品种为磨山 4 号。

（三）绿肉系列

1. 翠玉 由湖南省农业科学院园艺研究所从野生猕猴桃资源中选育而成。果实圆锥形，单果重 85～95 克，果皮绿褐色，成熟时果面无毛，果点平。果肉绿色，肉质致密，细嫩多汁，风味浓甜，可溶性固形物含量 14%～18%，总糖 10～13%，有机酸 1.3%，每 100 克鲜果维生素 C 含量 93～143 毫克。果实较耐贮藏，室温下可贮藏 30 天以上，在 0～2℃ 条件下，可贮藏 4～6

个月。植株树势较强，抗逆性较强，抗高温干旱、抗风力均强。在湖北武汉，3月中旬萌芽，4月底至5月上旬开花，10月中下旬果实成熟，配套雄性品种为磨山4号。

2. **翠丰** 由浙江省农业科学院园艺研究所从野生资源中选育而成。果实长圆柱形，整齐一致，单果重60～80克，果肉绿色，果心小，质细多汁，风味浓甜，果肉可溶性固形物含量12％～16％，总糖7～11％，有机酸1～1.2％，每100克果实维生素C含量167～222毫克，品质优。果实较耐贮藏，室温下可贮藏20～30天，在0～2℃条件下冷藏150天后硬果完好率达95％。树势强健，在浙江9月中旬至10月上旬果实成熟。

二、中华猕猴桃雄性品种

1. **磨山4号** 由中国科学院武汉植物园从野生中华猕猴桃资源中选出。花期长，花粉量大，发芽率高，可育花粉多。生长势中等，抗病虫能力强。其栽培管理中重视花后复剪，即在冬季以轻剪为主，花后立即重短截，减少占据空间，同时促发健壮新梢作为翌年开花母枝。在湖北武汉，花期为4月中旬至5月上旬，落叶期为12月中旬左右。

2. **和雄1号** 由广东仲恺农业工程学院生命科学院和广东和平县水果研究所共同从浙江省的一批野生中华猕猴桃实生苗中选出。树势旺盛，新梢生长势强，花期长，花粉量大，花药较大，花粉活力高，新鲜花粉萌发率达80％以上，开花习性稳定。该品种在广东和平，4月上旬始花，中旬盛花，下旬为终花期，花期22～25天。

三、美味猕猴桃雌性品种

目前用于生产的几乎均为绿肉系列。

1. **海沃德** 新西兰品种，为国际上各猕猴桃种植国家的主栽品种。果实成熟期为11月中下旬。果实长椭圆形，平均单果重约80克。果肉翠绿色，致密均匀，果心小，可溶性固形物含量12%～17%，酸甜适口，有香气。果品贮藏性和货架期居目前所有栽培猕猴桃品种之首，但其投产较迟，丰产性较差，树势偏弱，需较高的配套管理措施。幼树除了加强肥水管理，促进树体生长以外，还需采用促花促果措施，促其提早结果。

2. **徐香** 由江苏省徐州市果园选出。果实圆柱形，果形整齐一致，单重70～110克，最大果重137克。果皮黄绿色，被黄褐色茸毛，梗洼平齐，果顶微凸，果皮薄，易剥离。果肉绿色，汁液多，肉质细致，具果香味，酸甜适口，可溶性固形物含量15.3%～19.8%，每100克鲜果维生素C含量99.4～123.0毫克，总酸1.34%，总糖12.1%。果实后熟期15～20天，货架期15～25天，室内常温下可存放30天左右，在0～2℃冷库中可存放3个月以上。果实成熟期为10月上中旬。

3. **翠香**（西猕9号） 由西安市猕猴桃研究所和陕西周至县农业技术推广站从野生猕猴桃资源中选育而成。果实美观端正、整齐、椭圆形，最大单果重130克，平均单果重82克。果肉深绿色，味香甜，芳香味极浓，品质佳，适口性好，质地细而果汁多，可溶性固形物含量可达17%以上，总糖5.5%，总酸1.3%，每100克鲜果维生素C含量185毫克。在陕西周至县，3月中旬萌芽，4月下旬至5月上旬开花，9月上旬果实成熟。

4. **米良1号** 由湖南吉首大学从湖南野生猕猴桃资源中选出。果实长圆柱形，果皮褐色、密生硬毛，中等大，单果重87～110克。果肉绿黄色，汁液多，有芳香，可溶性固形物含量15%～18%，总糖7%，总酸1.5%，每100克鲜果维生素C含量152毫克。耐贮藏，室温下贮藏20～30天。3月上旬萌芽，4月下旬开花，10月下旬果实成熟。

5. **金硕** 由湖北省农业科学院果树茶叶研究所实生选育而成。果实长椭圆形，平均单果重120克，果柄粗短，果面茸毛黄褐色、柔软、短，食用时果皮易剥离。果心长椭圆形，浅黄色，果肉绿色，肉质细腻，风味浓郁，可溶性固形物含量 17.4%，总糖 9.22%，可滴定酸 1.8%，每 100 克鲜果维生素 C 含量 104 毫克。在武汉，10 月上中旬成熟，耐贮性较强，常温条件下可贮藏 20～30 天。

6. 金魁 由湖北省农业科学院果树茶叶研究所实生选育而成。果实椭圆形或圆柱形，平均单果重 100 克以上，果顶平，果蒂部微凹，果面黄褐色，茸毛中等密，棕褐色，少数有纵向缢痕。果肉翠绿色，汁液多，风味浓郁，具清香，果心较小，可溶性固形物含量 18%～26%，总糖 13%，有机酸 1.6%，每 100 克鲜果维生素 C 含量 110～240 毫克，耐贮性较强，常温条件下贮藏 40 天。树势生长健壮，在武汉 3 月上旬萌芽，4 月底至 5 月初开花，10 月底至 11 月上旬果实成熟。

7. 布鲁诺 新西兰选育。果实长椭圆形或长圆柱形，单果重 90～100 克，果皮褐色，被粗长硬毛，不易脱落。果肉翠绿色，果心小，汁多，味甜酸，可溶性固形物含量 14%～19%，总糖 9%，有机酸 1.5%，每 100 克鲜果维生素 C 含量 166 毫克，果实耐贮，货架期长。植株长势旺，3 月下旬萌芽，4 月底至 5 月初开花，10 月底果实成熟。

四、美味猕猴桃雄性品种

1. 马图阿（Matua） 花期较早，为早中花期美味和中华猕猴桃雌性品种的授粉品种。花期长达 15～20 天，花粉量大，每个花序多为 3 朵花。可用作徐香等品种的授粉品种。

2. 陶木里（Tomuri） 花期较晚，为中晚期美味和中华猕猴桃雌性品种的授粉品种。花期长达 15～20 天，花粉量大，每个花序多为 3 朵花。可用作海沃德等晚花型品种的授粉品种。

3. 帮增 1 号 为米良 1 号的授粉品种。花期较长，为 15 天左右，花粉量大。

五、毛花猕猴桃雌性品种

目前用于生产的尚只有绿肉系列。

华特：由浙江省农业科学院园艺研究所从野生毛花猕猴桃实生群体中选育而成，于 2005 年定名为华特，2008 年获中国植物新品种保护权。果实长圆柱形，平均单果重 80 克以上，果肩圆，果顶微凹，果皮绿褐色，皮上密集灰白色茸毛，极易与果肉剥离。果肉绿色，髓射线明显，肉质细腻，爽口，可溶性固形物含量 13% 以上，可滴定酸 1.24%，总糖 9%，每 100 克鲜果维生素 C 含量 628 毫克，果实常温可贮藏 3 个月。植株生长势强，结果能力强，在徒长枝和老枝上均能萌发结果枝，产量高。在浙江南部于 5 月上中旬开花，10 月下旬至 11 月上旬采收。授粉雄株为毛雄 1 号。

六、毛花猕猴桃雄性品种

毛雄 1 号：由浙江省农业科学院园艺研究所从野生毛花猕猴桃实生群体中选育而成，于 2005 年定名为毛雄 1 号。花期长，花粉量大，发芽率高，可育花粉多。生长势中等，抗病虫能力强。其栽培重视花后复剪，即在冬季以轻剪为主，花后立即重短截，减少占据空间，同时促发健壮新梢作为翌年开花母枝。在浙江南部地区，花期为 5 月上中旬，落叶期为 12 月中下旬。为华特和玉玲珑等毛花猕猴桃品种的授粉品种。

七、软枣猕猴桃雌性品种

（一）红肉系列

1. **红宝石星** 由中国农业科学院郑州果树研究所从野生猕

猴桃资源中选育出的全红型软枣猕猴桃。果实长椭圆形，平均单果重 19 克，果实横切面为卵形，果喙端形状微尖凸。果皮、果肉和果心均为玫瑰红色，果实多汁，可溶性固形物含量 14%，总糖 12%，有机酸 1.1%，果心较大，种子小且多。植株树势较弱，抗逆性一般。在郑州地区，5 月上中旬开花，8 月下旬至 9 月上旬果实成熟，11 月上旬开始落叶。

2. **天源红** 由中国农业科学院郑州果树研究所从野生猕猴桃资源中选出。果实卵圆形或扁卵圆形，平均单果重 12 克，果皮光滑无毛，可食用，成熟后果皮、果肉和果心均为红色。果实多汁，可溶性固形物含量 16%，味道酸甜适口，有香味。植株树势较弱，抗逆性一般，成熟期不太一致，有采前落果，不耐贮藏（常温下贮藏 3 天左右）。在郑州地区，5 月上中旬开花，8 月下旬至 9 月上旬果实成熟，11 月上旬开始落叶。

（二）绿肉系列

1. **丰绿** 由中国农业科学院特产研究所从野生资源中选出。果实圆形，果皮绿色，多汁细腻，酸甜适度，可溶性固形物含量 16%，总糖 6%，有机酸 1.15，每 100 克鲜果维生素 C 含量 255 毫克。植株长势中庸，适应性广，抗逆性强，在吉林市左家地区 4 月中下旬萌芽，6 月中旬开花，9 月上旬果实成熟。

2. **宝贝星** 由四川省自然资源科学研究院利用野生猕猴桃群体的优良单株，进行无性繁殖选育而成的软枣猕猴桃新品种。果实短柱形，果皮绿色、光滑无毛，平均单果重 6.91 克。果肉绿色，味甜，可溶性固形物含量 23.2%，总糖 8.85%，总酸 1.28%，每 100 克鲜果维生素 C 含量 19.8 毫克。2 月上旬萌芽，2 月下旬展叶抽梢，4 月中旬开花，5 月上旬坐果，9 月上旬果实成熟，11 月上中旬落叶，全年生长期为 250 天左右。对叶斑病、褐斑病等有较强抵抗力。

3. **佳绿** 中国农业科学院特产研究所利用从野生软枣猕猴

桃群体中的优良资源，经无性繁殖系选育出的软枣猕猴桃新品种。果实长柱形，果皮绿色，光滑无毛，平均单果重 19.1 克。果肉绿色，可溶性固形物含量 19.4%，总糖 11.4%，总酸 0.97%，每 100 克鲜果维生素 C 含量 125 毫克，酸甜适口，品质上等。丰产性好，抗寒、抗病能力较强。吉林地区 9 月初果实成熟。

八、最新品种

（一）中华猕猴桃红肉系列品种

1. 红什 1 号 由四川省自然资源科学研究院以红阳猕猴桃为母本，以黄肉大果型材料实生后代 SF1998M 为父本杂交育成。果实较大，平均单果重 85.5 克，最大果重 95 克，椭圆形。果肉黄色，种子分布区果肉呈鲜红色，呈放射状，每 100 克鲜果维生素 C 含量 147 毫克，总糖 12.01%，总酸 1.30%，可溶性固形物含量 17.6%，干物质含量 22.8%；风味好，甜酸适度，香气浓郁。3 月上旬萌芽，4 月中旬开花，9 月中旬果实成熟，12 月上旬开始落叶，年生长期 260 天左右。

2. 红什 2 号 由四川省自然资源科学研究院从红阳×SF0612M 杂交实生后代中选出的红肉新品种。果实广椭圆形，果皮绿褐色，有少量的短茸毛均匀分布在果皮表面，平均单果重 77.64 克，最大 102 克。果肉浅黄色，种子分布区果肉呈鲜红色，味甜，可溶性固形物含量 17.1%，总糖 7.26%，总酸 0.184%，每 100 克鲜果维生素 C 含量 184 毫克。3 月上旬萌芽，下旬抽梢，4 月上旬展叶，中旬开花，5 月上旬坐果，9 月中旬果实成熟，12 月上旬落叶，全年生长期 265 天左右。较抗叶斑病、褐斑病。

3. 东红 中国科学院武汉植物园从红阳品种开放式授粉种子播种一代群体中选育而成的红心猕猴桃新品种。果实长圆柱形，果顶微凸或圆，果面绿褐色，中等大小，单果重 65～75 克，最大果重 112 克。果肉金黄色，种子分布区果肉呈艳红色，果肉质地紧密、细嫩，风味浓甜，香气浓郁，可溶性固形物含量 15.6%～20.7%，干物质含量 17.8%～22.4%，总糖含量 10.8%～13.1%，可滴定酸含量 1.1%～1.5%，每 100 克鲜果维生素 C 含量 113～160 毫克。果实生育期约 140 天，在武汉 4 月中旬开花，9 月上旬果实成熟。

4. 红丽 浙江省农业科学院园艺研究所从中华猕猴桃实生群体中选育而成。果实短柱形，果皮浅黄褐色，有中等量的短茸毛，平均单果重 75 克，最大果重 102 克。果肉黄色，种子分布区果肉呈红色，风味浓，可溶性固形物含量 17.5%～22.5%，总糖 12.39%，总酸 1.1%，每 100 克鲜果维生素 C 含量 167 毫克。在浙江省丽水地区伤流期 2 月下旬，萌芽期 3 月下旬，展叶期 4 月中旬，开花期 5 月上旬，10 月上旬果实生理成熟，落叶期 12 月上旬。

（二）中华猕猴桃黄肉系列品种

1. 金什 1 号 由中华猕猴桃实生选育而成的四倍体黄肉新品种。果实长柱形，果皮黄褐色，有中等量的短茸毛，平均单果重 85.83 克，最大果重 102.4 克。果肉黄色，风味浓，具清香，可溶性固形物含量 17.5%，总糖 10.82%，总酸 0.143%，每 100 克鲜果维生素 C 含量 205 毫克。在四川德阳地区伤流期 2 月下旬，萌芽期 3 月中旬，抽梢期 3 月下旬，展叶期 4 月中旬，开花期 5 月上旬，坐果期 5 月中旬，9 月下旬种子开始变黑，11 月上旬果实生理成熟，落叶期 12 月上旬。

2. 金圆 由中国科学院武汉植物园通过金艳与中华红肉猕猴桃雄株杂交选育而成。果实短圆柱形，平均单果重 84 克，果面黄褐色，密被短茸毛，不脱落。果肉金黄或深橙黄色，细嫩多汁，风味浓甜微酸，可溶性固形物含量 14%～17%，总糖 10%，有机酸 1.3%，干物质含量 17%，每 100 克鲜果维生素 C 含量 122 毫克。在湖北武汉 3 月上中旬萌芽，4 月下旬至 5 月初开花，9 月底至 10 月上旬成熟，12 月落叶休眠。

3. 金喜 由浙江省农业科学院园艺研究所通过中华黄肉品种金桃与中华猕猴桃雄株杂交选育而成。果皮黄褐色，成熟时果面光洁无毛，果顶和果蒂平，外观漂亮。果肉黄色，质细多汁，味香甜，可溶性固形物含量 16.1%～21.7%，总糖 12%，总酸 1.18%，每 100 克维生素 C 含量 154 毫克。果实贮藏性佳，常温下后熟需 20 天左右，软熟后货架期可达 7～10 天，低温下（0～4℃）可贮存 3～5 个月。该品种 3 月上、中旬萌芽，4 月下旬至 5 月初开花，9 月底至 10 月上旬果实成熟。

4. 金丽 浙江省农业科学院园艺研究所从中华猕猴桃实生选育而成。果个大，长柱形，果皮黄褐色，无毛，平均单果重 90～100 克，最大果重 212 克。果肉黄色，风味浓，具清香，可溶性固形物含量 17.5%～21.9%，总糖 11.82%，总酸 1.21%，每 100 克鲜果维生素 C 含量 134～205 毫克。在浙江丽水地区伤流期 2 月下旬，萌芽期 3 月下旬，展叶期 4 月中旬，开花期 5 月上旬，9 月下旬种子开始变黑，10 月中旬果实生理成熟，落叶期 12 月上旬。

5. Sungold Kiwifruit（Gold3，太阳金） 新西兰专利品种，4 倍体。果实卵圆形，果皮黄绿至深褐色，平均单果重 136 克（疏果至每平方米 46 个果），果肉细嫩、淡黄色，果心黄白，可溶性固形物含量 17.4%，味浓甜，每 100 克鲜果维生素 C 含量 117 毫克，贮藏期 3～4 月，10 月上旬采收。开花易、多花，高产，不易感溃疡病。

6. Charm Kiwifruit（Gold9，魅力金） 新西兰专利品种，4 倍体。果实卵圆形，平均单果重 118 克（疏果至每平方米 60 个果），果皮绿褐色到黄褐色或深褐色，果肉淡黄，果心黄白，可溶性固形物含量 17.7%，味浓甜，多汁，带有酸橙风味，每 100

克鲜果维生素 C 含量 117 毫克。0～4℃ 低温冷藏条件下可贮藏
6～7 个月,但果实有皱缩失水趋势。10 月下旬采收。开花易,
多花,高产,不易感溃疡病。

(三) 美味猕猴桃绿肉系列品种

Sweet Green Kiwifruit（Gree14）：新西兰专利品种,4 倍
体。果实长倒卵圆形,平均单果重 116 克（疏果至每平方米 35
个果）,果皮绿褐至微红褐色,外果肉绿色,但果实采后置于
20℃ 条件下或在蔓上软熟时,变成黄绿色,内果肉淡绿,果心黄
白,可溶性固形物含量 20.3%,味浓甜,肉质细嫩,每 100 克
鲜果维生素 C 含量 149 毫克,贮藏期 3～6 个月。10 月底至 11
月初采收,不易感溃疡病。

(四) 毛花猕猴桃绿肉系列品种 (系)

1. 玉玲珑 由浙江省农业科学院园艺研究所从野生毛花猕
猴桃实生群体中选育而成,于 2014 年定名为"玉玲珑"。果实短
圆柱形,平均单果重 30 克,果肩圆,果顶微凹,果皮绿褐色,
上密集灰白色长茸毛,果实软熟时极易与果肉剥离。果肉绿色,
髓射线明显,品质上,肉质细腻,风味浓,可溶性固形物含量
15% 以上,可滴定酸 1.14%,总糖 11%,每 100 克鲜果维生素
C 含量 548 毫克,果实常温可贮藏 3 个月。植株生长势强,结果
能力强,在徒长枝和老枝上均能萌发结果枝,产量高,抗性好。
在浙江南部于 5 月上旬开花,10 月下旬树上软熟,可在树上挂
果 1 个多月。

2. 赣猕 6 号 由江西农业大学从野生毛花猕猴桃自然变异
群体中选育而成。果实长圆柱形,果面密被白色短茸毛。果实中
大,平均单果重 72.5 克,最大单果重 96 克。果肉墨绿色,可溶
性固形物含量 13.6%,可滴定酸含量 0.87%,干物质含量为
17.3%,每 100 克鲜果维生素 C 含量 723 毫克。该品种果实成熟

期为 10 月下旬。

3. **超华特**　由浙江省农业科学院园艺研究所从野生毛花猕猴桃自然变异群体中选育而成，于 2015 年定名为"超华特"。果实授粉充分为圆柱形，果实中大，平均单果重 65.6 克，最大单果重 89 克。果肉绿色，有香味，可溶性固形物含量 14.2%～17.5%，可滴定酸 1.08%～1.18%，总糖 10.8%～11.9%，每 100 克鲜果维生素 C 含量 520～590 毫克。果实 11 月上中旬可在树上软熟，达到食用状态时易剥皮，肉质细嫩。植株生长势强，结果能力强，在徒长枝和老枝上均能萌发结果枝，产量高，抗性好。

4. **甜华特**　由浙江省农业科学院园艺研究所从野生毛花猕猴桃自然变异群体中选育而成，于 2015 年定名为"甜华特"。果实非标准短圆柱形，果肩部比果喙端直径大，平均单果重 42.5 克，最大单果重 79 克。果肉绿色，可溶性固形物含量 15.5%～19.7%，可滴定酸 0.95%～1.05%，总糖 11.2%～12.3%，每 100 克鲜果维生素 C 含量 550～615 毫克，果实 11 月上旬可在树上软熟，达到食用状态时易剥皮，肉质细嫩，味甜。植株生长势强，结果能力强，在徒长枝和老枝上均能萌发结果枝，产量高，抗性好。

第三章

猕猴桃育苗技术

苗木生产是猕猴桃生产的重要阶段。猕猴桃的经济寿命虽较长，但由于立支架和投产迟等原因，使其建园成本相对较高。因此，极力主张猕猴桃生产者仅选用在生长结果上很有潜力的高质量植株进行栽培。当前果树栽培趋向宽行距种植，且要求植株生长均一、适于机械化作业和一致性管理。猕猴桃栽培也有相同的发展趋势，这说明猕猴桃产业需要专业的良种良苗生产，以确保能为猕猴桃生产提供在长势、产量和品质等方面颇具潜力的优良苗木。

一、主要育苗方式

（一）实生苗繁育

1. **实生苗**　国外目前常用的育苗方法，是先栽实生苗，然后在实生苗上高位嫁接所需求的品种接穗。培育实生苗快速而容易，而且易嫁接。实生苗繁殖成本低，果农又可根据各自需要进行嫁接，因此，这种育苗方法愈来愈普遍。实生砧木的生长势非常旺盛，这个优点在立地条件较差的情况下更加突出。我国猕猴桃产业虽发展较快，但现有砧木多为中华猕猴桃和美味猕猴桃杂交种子的实生苗，尚未实现良种良砧的固定组合，对耐涝、抗旱和抗病虫等砧木品种的选育更是空白。

布鲁诺在新西兰被广泛用于作砧木，其原因是该品种的种子萌发率高而且一致，长势旺盛。但猕猴桃根系不抗根结线虫，极不耐涝，至少易感 4 种疫病菌，其枝干在低温的冬季易产生冻害。针对这些问题，需研发抗性砧木。未来的研究方向，需进一步鉴定其他猕猴桃种是否可成为抗性砧木育种的遗传材料来源，如软枣猕猴桃和狗枣猕猴桃具有抗寒性。中华猕猴桃在疫病菌的感病性方面存在差异，但至今没找到一个在抗性上能达到有价值的材料。用其他猕猴桃种作砧木还存在嫁接不亲和的问题，如软枣猕猴桃作砧木嫁接美味猕猴桃是不亲和的。

2. 取种及种子保存　猕猴桃种子细小，其千粒重只有 0.8～1.6 克，且其外种皮薄而易受害。种胚约于花后 110 天达到其充分大小。

播种繁殖应选用种子发芽好、实生苗长势旺的品种，如布鲁诺、艾伯特是最常用的，一些生长势强的中华猕猴桃品种的种子也适于播种繁殖。用于播种的种子取出后一般先贮藏，但其发芽率随贮藏期延长而下降。要获得较好的种子发芽率，首先要求种子适度干燥，其含水量 4%～6%；其次要求低湿冷藏，贮藏温度小于 10℃，且湿度小于 30%～50% 或置于密闭容器内。种子发芽率受果实成熟度、种子贮藏状况、品种等因素的影响。杂交种子有时较难萌芽。

用于留取种子的果实最好选用经冷藏（0～5℃）几周或几月的完全软熟的大果。可用搅拌机对软熟果进行短时间的低速搅拌，被粉碎的果肉再用水冲洗，则容易与种子分开。将获取的种子进行适度干燥处理，并完全分离与果肉黏附在一起的种子。留取种子最好在播种前不久进行。若种子取自未经冷藏的果实，则播种前必须进行层积处理。播种前应除去小的和不成熟的种子。种子萌芽的好与差，取决于品种间的差异、种子的来源、种子的贮藏处理和萌芽的条件。

3. 育苗基质　为了避免萌芽率低、植株生长差和易感病害等问题，有必要选择合适的播种基质和实生苗生长基质。选用标准化的适宜基质可提高生产均匀一致植株的能力。

育苗基质必须具有良好的透气性和排水性,可提供充分和均匀的水分,并且不带病原微生物。迄今,根据以下一种或多种来源开发了一些无土基质:泥炭、树皮、沙、锯末、浮石、珍珠岩及蛭石。其中,50%泥炭:50%沙(v/v)的混合基质通常比较理想。基质用于盆栽,可减轻其重量而使运输方便;用于培育出口苗木,可从根部洗去基质以满足出口苗木需"净根"的要求。基质配备供肥供水系统和环境调控设施,就能培育出根系发达、生长旺盛、均匀健康的猕猴桃苗木。当然无土基质还需完善,以进一步降低成本、减轻重量和促进植物生长。带土基质也可用于育苗,但在植株繁殖的早期阶段通常显得较差,从各个方面都劣于精心挑选的基质。

猕猴桃实生幼苗易感立枯病,主要由丝核菌、镰刀菌和腐霉菌等真菌引起。采取基质消毒及消除有利于发病条件等措施来控制该病害。特别是土壤,种植前务必进行适当的处理。土壤可用蒸汽消毒,也可用甲基溴处理,现已证实,基质中所混入的霜霉威、五氯硝基苯或苯菌灵对预防立枯病是有效的,苯菌灵或克菌丹也可用于种子处理及出苗后灌注或喷雾。而铜制剂等杀菌剂对猕猴桃实生苗具有植物毒性,故在其出苗后不宜使用。

4. 种子层积处理 猕猴桃种子播前若不经层积处理,其萌芽率非常低。层积处理结果显示,在 4.4℃ 条件下,层积 6～8 周可改善种子萌发,层积 2 周以上并结合在萌发过程中的昼夜温度变化,则萌芽较好较快。在 4℃ 且湿润的条件下,层积 5 周以上,而后每天进行 21℃ 16 小时和 10℃ 8 小时的变温处理,则萌芽更好。种子播前层积处理或用 2.5～5.0 克/升赤霉素(GA₃)溶液浸泡 24 小时,都能获得很高的发芽率。已证实赤霉素具有促进种子发芽和消除种子对低温层积期的需求。

猕猴桃种子的处理方法虽多,但以沙藏层积处理效果较好,且简单易行。具体做法为：将种子置于 60℃ 的温水中浸泡 2 小时左右，取出后将其与含水量约为 20％ 的湿润细河沙（以手捏成团，松手则散为度）均匀混合。用纱布包裹混合均匀的种子，而后埋入装有湿沙的花盆或木桶等容器中。要求容器透气，其底部设有排水口，容器中作为底部铺垫层和顶部覆盖层的湿沙厚度均为 3～5 厘米。最后将其置于阴凉通风处保存，以后每隔半个月左右检查一次湿度。为保持湿度的一致性，沙藏期间需上下翻动数次。通常沙藏 40～60 天即可。

5. 苗木培育　猕猴桃可在晚冬和盛夏期间进行播种。早播的能长成强壮的植株，并可用于来春嫁接；而迟播的至少要多一个生长季节才能用于嫁接或种植于果园。

为便于移栽和最大限度地减少猝倒（立枯病），播前要对播种基质进行消毒，播种深度约 3 毫米。若白天温度在 21℃ 左右，则播种后 2～3 周就能发芽。大田一般不适合播种和育苗，因为其存在着以下风险：不利的生长条件、真菌、冠瘿细菌或根结线虫的危害。因此，最好建立专用设施进行猕猴桃育苗。当苗床中的幼苗长出 2～4 片真叶时需间苗，将其移栽到托盘或直径为 60～80 毫米的营养钵中，以后随着苗的长大，不断移栽到更大的营养钵中。苗在生长过程中将逐渐变得耐寒，之后移栽到苗圃地或者大田。这种用于培育苗木的苗圃地或大田应装备遮阳和灌溉等设施，并要求土壤有利于壮苗生长和无病虫害。

猕猴桃容器（营养钵）育苗一般不能长于一个生长季节，否则，因根系生长受限制生长势会发生问题。故实生苗在嫁接前通常需要在苗圃地或者果园进入它的第二个生长季节，而且要求继续保持其只有一根直立而粗壮的茎干。对于大田种植的猕猴桃，通过整形和支撑促使其一干始终直立向上，从而获得更为理想的树形。在移栽和调苗时，应进行苗木分级，去除等外苗和劣质苗。建立猕猴桃园，其苗木一般于冬季种植。要求苗木健康，具有粗壮（直径＞10毫米）、直立的茎干、发达的须根系统；对于嫁接苗，必须品种纯正、品种名明确。

通过地膜覆盖、人工除草等方法可有效地控制杂草。对于不到一年生的幼树，特别是种植在轻沙壤土上，一些残留的除草剂会引起伤害。为安全起见，猕猴桃园不要建立在有除草剂残留的土壤上，同时必须避免除草剂雾滴飘移到猕猴桃幼树上。

（二）扦插

1. **嫩枝扦插** 由于能快速生产优质苗，因此嫩枝扦插已成为常用的繁殖方法。插穗常于初夏采集，此时的枝梢正处于半成熟生长阶段。初夏后至9月采集的插穗生根较难。插穗可取自盆栽砧木、砧木母树和果园修剪下来的枝条。

理想的插穗粗0.5～1.0厘米、长10～15厘米，具有相对短的节间。未成熟的"水枝"不可取。有利于旺盛幼嫩组织形成的条件将促进插穗发根。插穗的发根情况与其在枝梢上所处的位置有关。发根最好的为第9～12节。雌、雄植株之间的发根情况基本相似。

取下的插穗应保持"膨胀"，因为此时叶片和春梢正处于生长时期，插穗离体后在很短的时间内会迅速失水并使叶片受损害。功能叶片水分的缺失将使发根率大幅度降低。

在任何情况下，所繁殖的品种务必纯正，因在苗期难以正确区分。在节位上或在节间上的扦插条，按等分剪成长度约为10厘米（或20厘米以上）的插穗，并在其基部削成一个1厘米长的斜面。在插穗上保留20％～50％的叶片。选留时，可在叶片中间横向剪去半张叶片，也可按叶片的自然形状剪成圆弧状。

最好将插穗用杀真菌剂或杀虫剂进行浸泡处理，以有效防控在高温高湿繁殖条件下易发生的红蜘蛛及病害。插穗经吲哚丁酸处理可提高扦插生根率和成活率。

当选择旺盛幼嫩的枝梢作插穗时，它的发根良好、萌芽一致，因此其扦插繁殖是最为成功的。故而，5～7月初通常被认为是果园采集插穗的最佳时期。过了此阶段，虽然成熟枝条会充分发根，但萌芽率不高且缺少作为一年生植株生长所需的合理阶段。于7～8月，从实施重修剪的盆栽砧木上选择插穗，并确认它是旺盛幼嫩的枝梢，能产生高百分比的萌芽率，在入冬前伸长约15厘米。可见，为了生产插穗材料，要保持砧木床上的小型茂密枝蔓，有规律地采集。

育苗设施多种多样，从小型拱棚到大型温室都可供选择。最好在苗床上扦插，或者在直径为50～70毫米的营养钵上扦插。盆（钵）栽基质最好选用50%泥炭：50%浮石（v/v）的混合基质，其内不加矿质营养。通过弥雾喷施系统对插穗进行间歇式喷雾，弥雾喷施系统受控于电子叶或时钟，由此将间歇时间控制在合适的范围内。如在繁殖的第一个10天里，每隔20分钟喷雾10秒钟，然后在以后的3～4周内慢慢地减少。猕猴桃插穗对根伤害十分敏感，特别是对由高浓度肥料引发的损害。因此，只有当插穗的根系长成后，才能将其植于具有营养平衡的基质里。若插穗在含有养分的基质里发根，则在6周的发根期内，在基质里的营养会缓慢地积累成较高的浓度状态，这对早期的发根将造成不良的影响。繁殖第六周停止喷雾，此时根系已发育，应该准备好可被移入遮阳大棚内。接下来的2周，根系将进一步发育。在这个时期，活性芽将膨胀，在某些情况下可伸长到约10厘米。为此，扦插8周后有必要换成更大的营养钵，如直径为12厘米，在当年的生长季里，植株将增长至少15～30厘米，因此直径为12厘米营养钵较适宜。

嫩枝扦插的关键是时间的选择和插穗的类型，特别是喷雾时对水分的控制要恰到好处。选用一种可自由排水的基质也十分重要，以保证其在插穗发根和以后的生长期间足够透气。

2. **硬枝扦插**　对于猕猴桃繁殖，硬枝扦插不如其他繁殖方法可靠和成功。用该繁殖技术，发根率通常只有 60％，故在商品化育苗中，由硬枝扦插繁育的苗木所占的比例较小。

插穗选用在上一年夏季生长（夏梢）的充分成熟的休眠枝，取下后冷藏或立即使用。插穗至少有 2 节的长度，在其基部斜削成一个小斜面，并用 IBA 对其进行浸渍处理。然后，将插穗深插入于湿润的发根基质中。发根基质可铺设在专用的繁殖台上，也可置于田地上，并用地膜覆盖。在春季开始抽梢时，为了防止干燥需要遮阳和灌水，因为此时只有少量的根发育。粗质的生根基质比细质的发根效果更好。

有关硬枝扦插的研究较多。于冬季扦插，并用高浓度的 IBA 处理插穗，其效果较好。有日本学者，于初冬收集插穗，并用 IBA 处理（80 毫克/升；20 小时），而后在插穗基部加热（21℃）3 周，加热后置于塑料袋在 5℃下储藏，到了春季，再将插穗置于繁殖床上进行发根。这样显著提高了插穗的发根率。在新西兰也获得了相似的结果，在温暖条件下用 IBA 处理冬季插条，以诱导愈伤组织的形成，然后将插穗置于低温下一直至春季，在春季温暖条件下，有利于插穗的新梢生长和根系发育。于冬末收集成熟的节间插穗，用 1.25 克/升或 2.5 克/升 IBA 处理可获得较高的发根率，且优于节点插穗。

3. **根插**　通过根插能诱导猕猴桃的根抽生枝梢，从而产生新的植株。由于枝扦插、嫁接等育苗技术较其更有效和更成功，故这种繁殖技术显得不太必要。根插的主要限制因子，是需要确保供给要繁育品种的健康根源。根可于冬季从苗圃中被掘起的二年生苗中获得，根插条要求直径为 5～30 毫米，剪成 50～70 毫米的长度，而后置于苗圃地或繁殖地，其土壤需要消毒，不然则选用另外的合适基质。为产生好的枝梢，插条应垂直或水平地置于生根基质内，现已发现水平方向的插条将产生最大量的枝条。垂直扦插的插条注意不能上下颠倒。在温暖条件下（25℃）经过

3周左右，从根的近端切面将抽生一些绿枝。插条经苄氨基嘌呤浸泡后可提高抽梢比例。

扦插约8周后，枝梢已伸长，此时可与根插条分离。当根插条还能产生新枝叶时应保留，使其继续抽生枝梢，从而产生新的植株。长成的幼株经施肥后逐渐变得耐寒，然后移入温室大棚。

（三）组织培养

猕猴桃组织培养在近年取得了巨大进展，尤其在挽救杂种胚方面取得了较大的成功。在育种和生理基础研究等方面，组织培养用途广泛。组织培养作为植物快速繁殖方法通常是有价值的，但一般对于果树作物，由于成本、设备、专门技能或者需要使用特定的砧木等方面原因，故用于此目的尚有局限。

猕猴桃组织培养在一些国家已被广泛采用，但在中国、新西兰等国家尚未发展成为商品化生产。有研究发现，通过离体繁殖培养的猕猴桃植株会发生表型变异，尽管组织培养也是无性繁殖。但对于快速繁殖如新变异等植物材料，组织培养还是非常高效的。

猕猴桃的茎尖快繁主要步骤为将从田间取得的枝芽表面消毒后，接种至初代培养基上，分离出2~5个叶原基的分生组织的顶点，这些微繁殖体在6周内即产生簇生叶。生长3周后，将无菌的芽转入增殖培养基进行5周的芽增殖诱导，一个芽继代培养增殖率达到3.4~5.8，器官发生能力在通过29次继代培养后仍保持。将芽苗在生根培养中培养3周后，形成较好的根。

（四）嫁接育苗

嫁接育苗是猕猴桃最常用的繁殖方法。

1. 嫁接时期　分成春、夏、秋三个阶段，最佳时期视实际情况而定，生产上多数选择春季嫁接。春季嫁接一般在 2～3 月进行，夏季嫁接以 6 月为好，而秋季嫁接通常在 9 月。

2. 嫁接方法　高位嫁接：猕猴桃高位嫁接常在春季完成，其类似的原则均适合于幼年树和成年树的高接。最好不要在同一季节移栽和嫁接苗木，不过在理想的生长条件下也可进行。粗壮、生长良好的实生苗可用于嫁接，这种实生苗的离地高度在播种后 12 个月已达 15 厘米左右。而迟播种的和生长慢的植株，在苗龄达 20～24 个月才适合于嫁接。植株从播种到嫁接直至达到 1.8 米高的棚面，通常需要 24～27 个月。最好于 2 月中旬至 3 月上旬嫁接，应在芽萌动前或者从枝梢切面有很多树液渗出之前进行。

于冬季收集接穗，然后在湿润条件下冷藏。如需要的话，这种接穗还可在 4 月再用于嫁接。理想的砧木直径为 10 毫米或以上，接穗有相同粗度的直径，并要求其发育成熟且带有发达的休眠芽。也有研究发现，用直径分别为 7 毫米和 14 毫米的接穗嫁接后具有相同的枝梢生长能力。在温室，播种 6 个月后长成的实生苗，可用于夏季嫩枝嫁接。

猕猴桃的嫁接方法主要有切接、劈接、腹接、芽接等，其嫁接成活率均可高于 95%。当需要大量嫁接时，选择切接或劈接的效果更令人满意。为了保证芽萌发接穗最好带有 2 个芽。嫁接中，砧木与接穗的切面要对准，两者形成层对齐，紧密捆绑等几个环节较重要。为防干燥（尤其是夏接），接穗的顶端应密封。嫁接成活后，应去掉绑带或绑条。嫁接部位以下的抽生的芽在早期都要抹除。老龄猕猴桃树可在棚架面下再嫁接，并能迅速使其恢复生产。因此，抽生的单一枝梢应作适当支撑，确保其不被折断，并成为笔直向上的树形，待冬季置于架面上。

采用高位嫁接时通常是一根由砧木抽生的强梢伸长到离地 1.6 米时，即达到可嫁接的程度。用一根带有 2 个芽的接穗嫁接，则在同一季节能发育成沿棚面的 2 根主蔓。其嫁接方法主要操作如下：

单芽枝腹接：由接穗切带一个芽的枝段，在芽的正下方削 50°左右的短斜面。在芽的背面或侧面选一平直面削 3～4 厘米长，深度为刚露木质部的削面。砧木选平滑的一面从上而下切削，仍以刚露木质部为宜，削面长度略长于接穗削面，将削离的外皮切除长度的 2/3，保留 1/3。然后将接穗插入，使二者形成层紧密吻合。用塑料薄膜条包扎，露出芽即可。

单芽片腹接：在接穗的接芽下 1 厘米处下刀呈 45°角斜削至接穗周径的 2/3 处，再芽上方 1 厘米处下刀沿形成层往下纵切，略带木质部，直到与第一刀口底相交，取下芽片，全长 2～3 厘米。砧木选平滑的一面按削接穗芽片的同样方法切削，使切面稍大于接芽片。将芽片嵌入砧木切口，对准形成层，上端最好露出一点破皮层，促进形成愈伤组织。嵌好芽片后用塑料薄膜条包扎，露出芽即可。

切接：该法最大优点是嫁接后愈合好，萌芽快，成活率高，嫁接苗生长健壮，整齐。但要求砧穗粗度较一致。在接穗上选 1～2 个饱满芽，在芽下 3.5～4 厘米处下刀，呈 45°角斜切断接穗，再芽对面下方 1 厘米左右处下刀，顺形成层往下纵切，稍带木质部，直至第一刀切断处，最后在芽上方 3 厘米处剪断，即为嫁接枝段。在需要嫁接处剪断砧木，剪口要平、光，选平直光滑面，从剪口顺形成层往下削，稍带木质部，其削面长 3～4 厘米，与接穗削面基本相符，再削去切离部分的 1/3。将接穗长削面与砧木切口对齐，砧木的外皮包住接穗，用塑料薄膜条绑紧，露出芽即可。

二、苗木质量标准

猕猴桃苗木质量标准具体规定按表 3。

表3 猕猴桃苗木质量标准

项　　目		级　别		
		一级	二级	三级
品种砧木		纯正	纯正	纯正
侧根数量		4条以上	4条以上	4条以上
侧根基部粗度		0.5厘米以上	0.4厘米以上	0.3厘米以上
侧根长度		全根，且当年生根系长度最低不能低于20厘米，二年生根系长度不能低于30厘米		
侧根分布		均匀分布，舒展，不弯曲盘绕		
除去半木质化以上嫩梢的苗木高度	当年生种子繁殖实生苗	40厘米以上	30厘米以上	30厘米以上
	当年生扦插苗	40厘米以上	30厘米以上	30厘米以上
	二年生种子繁殖实生苗	200厘米以上	180厘米以上	160厘米以上
	二年生扦插苗	200厘米以上	180厘米以上	160厘米以上
	当年生嫁接苗	40厘米以上	30厘米以上	30厘米以上
	二年生嫁接苗	200厘米以上	180厘米以上	160厘米以上
嫁接口上5厘米处茎干粗度	低位嫁接当年生嫁接苗	0.8厘米以上	0.7厘米以上	0.6厘米以上
	低位嫁接二年生嫁接苗	1.6厘米以上	1.4厘米以上	1.2厘米以上
	高位嫁接当年生嫁接苗	0.8厘米以上	0.7厘米以上	0.6厘米以上
	高位嫁接二年生嫁接苗	1.6厘米以上	1.4厘米以上	1.2厘米以上
饱满芽数		5个以上	4个以上	3个以上
根皮与茎皮		无干缩皱皮	无新损伤处	陈旧损伤面积<1厘米^2
嫁接口愈合情况及木质化程度		均良好		

三、主要质量指标

1. **饱满芽数**　嫁接口以上的饱满芽数。

2. **根皮与茎皮损伤限度**　自然、人为、机械或病虫引起的损伤。无愈伤组织为新损伤处，有环状愈伤组织的为陈旧损伤处。这些均应达到所属等级的限量标准。

3. **侧根基部粗度** 侧根距茎基部 2 厘米处的直径，应达到所属等级的限量标准。

4. **全根** 根系在起苗后保持完好无损，没有缺根、劈裂和断根。

5. **苗干粗度** 低接苗是指苗干离地面 5 厘米处的直径，高接苗是指离地面 160 厘米处的直径，均应达到所属等级的粗度标准。

6. **苗干高度** 地面到嫁接品种茎先端芽基部的长度，应达到所属等级的高度标准。

7. **扦插苗苗干粗度** 当年生扦插苗苗干粗度指扦插苗干上距原插穗 5 厘米处苗干的直径；二年生扦插苗干粗度指扦插苗干上距原插穗 160 厘米处苗干的直径，均应达到所属等级的粗度标准。

8. **苗木年龄** 实生砧木苗要求砧木生长 1 年；嫁接苗要求砧木生长 1 年，嫁接后生长 1 年；扦插苗要求扦插后生长 2 年；三年生以上的苗木定为不合格苗。

第四章

猕猴桃建园技术

一、园地选择

园地选择首先考虑建园环境条件是否与猕猴桃生物学特性要求相适应，即适地适栽的原则，适合猕猴桃生长发育的条件。猕猴桃有"四喜"：喜温暖，如美味猕猴桃要求年平均气温为11.3～16.9℃，生长期日均温不低于10～12℃，无霜期天数为160～240天；喜湿润，猕猴桃喜生于潮湿而不渍水的山地的生态特性，对湿度要求相对较高，故需雨量充沛，年降水量800～1 000毫米为好，如新西兰猕猴桃果园在开花时节若恰逢天气晴朗或多云干燥，则都进行喷灌以调节果园的相对湿度，以利于授粉；喜肥沃，猕猴桃在土层深、腐殖质层厚、排水条件良好、疏松湿润的沙质壤土中生长最好；喜光照，猕猴桃生长在郁闭度较大林地内一般植株弱小，成年植株则需年日照时数达1 900小时以上。猕猴桃也有"四怕"，即怕干旱、怕水涝、怕强风、怕霜冻。因此，猕猴桃种植园地应选气候温暖，雨量充沛，既无早霜又无晚霜危害的地区。选择背风向阳、水源充足、灌溉方便、排水良好、土层深厚、腐殖质丰富、有机质含量1.6%以上、地下水位在1米以下、年日照时数在1 900小时以上的地块，土壤为中性或微酸性，透水透气性好，且兼具便利的运输条件。坡顶、低洼谷地及风口处均不宜建设猕猴桃桃果园。

除考虑以上条件外，建园点应切实避免工业"三废"（废水、废气、废液）、城市生活污水、废弃物、粉尘及农药、化肥、生长调节剂的污染，应具无公害标准化园地的环境条件。建园应选在空气清新、水质纯净、土壤无污染，且远离疫区、工矿区和交通要道的地方。如在城市、工业区、交通要道旁建园应建在上风口，避开工业和城市污染源的影响。周围无超标排放的氟化物、二氧化硫等气体污染；要求地表水及地下水质无重金属和氟、氰化物污染；土壤中没有重金属、六六六等农药残留的污染。

二、园区规划

选择好园地后，应因地制宜，全面布局，合理规划园区。猕猴桃是多年生作物，建园前应对园地进行调查研究和实地勘测，选适合种植的区域进行规划。规划内容包括小区划分、道路、建筑物、排灌系统、防护林等。

（一）小区划分

建园面积较大时，为便于水土保持和操作管理，将全园按地形划分成若干种植区；地形复杂的丘陵地带，小区可因地制宜加以划分。山地建园要按地形修好适宜宽度的等高梯田。

（二）道路

道路由主干道、干道和支路组成。主干道可通过中型汽车，一般宽5～6米，也能通过拖拉机和货车，连接外界公路。干道辖区3～4米，既可作为各区分界，又是运肥、喷药等田间操作通道。山地猕猴桃园的支路应按等高线修筑，支路间规划好田间便道，一般依山势顺坡向排列，与梯田或猕猴桃畦垂直，这样既有利于水土保持，又有利于操作。

（三）建筑物

建筑物依猕猴桃园规模大小而定，需考虑劳动休息室、分级包装车间、冷库等。建筑物的位置依地形地貌，建在交通方便处，便于全园管理、操作，有条件地方还可配套建造畜牧场，增加肥源。

（四）排灌系统

排水系统一般由主渠、支渠、排水沟组成。主渠可沿沟干道、支道一侧走。5～10 亩*应有一支渠，支渠宽 1 米，深 0.8 米，与排水沟相通，使多雨季节能排水畅通，蓄水自如，需水时能就近取水。一般 40～50 亩需建一蓄水池，以利灌溉和喷药。喷（滴）灌设备要预先规划，设计好喷（滴）灌管道的走向、布局，并进行先期施工安装。

（五）配置防风林

猕猴桃最怕风害。春季大风，易损嫩梢；夏季热风致其叶卷边枯焦，果实受伤；秋季大风易致枝条断折、果面损伤及产生落果。因此，在易受风害区建园，需设置防风林。园地防护林可与道路、沟渠、地块相结合，林带树种可与乔木、灌木结合形成立体结构。所选树种不宜与猕猴桃有共生病虫害。

三、定植

（一）品种选择与授粉植株搭配

在明确当地气候、土壤等条件可以栽培猕猴桃之后，还应精心选择品种。根据猕猴桃产业需求，选择以鲜食型为主的品种还是以加工型为主的品种。选择抗病、适应性强的优良品种，鲜食品种以口感佳、果形美、营养高及耐贮运等特性为主的雌性猕猴桃品种，并选用与雌性品种花期一致、花期长、花量大、花粉多

---

　　* 亩为非法定计量单位，1 亩约为 667 米^2。余同。——编者注

且活力强的授粉品种。

猕猴桃是雌雄异株植物，授粉是否充分对其品质和产量有重要影响。目前雌雄株的搭配比例由原来的8：1变为6：1或5：1。为进一步提高猕猴桃授粉率，像新西兰有些果园采取两行雌株中间种植一行雄株。目前一些新发展的猕猴桃园虽全栽雌株，通过集中栽雄株采集花粉或购买商品花粉，进行2～3次人工授粉以获得良好的授粉效果。

（二）栽植密度

栽植密度视品种、土壤质地、地势及架式而定。通常山地比平地密，土壤肥水条件差的比肥水条件好的密，弱势品种比强势品种密。目前常采用的株距及每亩株数为3米×4米（56株）、4米×4米（41株）、4米×5米（33株）。为了提高初果期产量，可采用计划密植的方法，即在株间增加1株，等到影响生长结果时，间伐中间株。

（三）架式

猕猴桃为藤本植物，需设立支架引其生长。目前采用的架式主要有T形架、平顶大棚架及近年新研发的基于T形架和平顶大棚架基础上的双层叶幕架。平地3种架式均可采用，但山地宜采用T形架。大棚架均可按需要采用一干两蔓的"丫"字形或一干一蔓型或"1288"型树形整形。其立柱长2.5～2.8米，直径12～15厘米，入土0.5～0.8米，保证棚架离地高度2米左右。立柱间距视株行距而定，架面宽度和长度随小区大小而定。架面以8～10号塑包钢丝纵向间距0.6米分布为宜。

T形架也可按需要采用一干两蔓的"丫"字形或一干一蔓树形或"1288"树形整形。标准T形架立柱全高2.8米，入土0.8米，地上高2米，其横梁长2.0～3.0米，横梁上设5～7根8～10号塑包钢丝，支柱顶端1根，横梁两侧各2～3根，架间距为

4~6 米。

双层叶幕架是在大棚架的基础上在两行猕猴桃之间的立柱上加安可活动的高于棚面 3.5~4 米的支柱，其材料可以是钢架也可以是竹竿等其他材料。在支柱顶端绑缚牵引线，其数量根据更新枝数量而定。牵引线的另一端固定在被选好的更新枝附近的主蔓上。此种架式，自上而下可形成营养层、结果层、通风层，最有利于提高果实的商品性，其新梢生长势较为一致，结果均匀，个大整齐，且可减少日灼。

（四）苗木定植及栽后管理

选用健壮苗木，对于猕猴桃溃疡病、根结线虫等检疫性病虫害要严加防控，一经发现一律深埋或烧毁，严禁向疫区调苗。优质苗木直径一般在 0.8 厘米以上，含 5~6 个饱满芽，根系发达。栽植时期以秋季落叶后至翌年开春发芽前 1 个月均可，但南方以秋栽为宜，有利于根系早期发育，缩短缓苗期，翌年春季萌芽早，抽梢快，生长旺。

栽植前，按栽植密度要求，确定定植点，在定植点上挖定植穴，定植穴上口直径 80~100 厘米，深度达 60 厘米以上。另外，可直接挖定植带，定植带宽 80 厘米，深 60 厘米，定植带比定植穴有利于排水。若园地坡度很小，种植带的走向可以与坡度方向一致，这样便于排水；如果园地坡度较大，则种植带的走向要接近等高线，最好是外端略高于里端，这样既便于排水，又不致造成水土流失。

定植带（穴）填充：定植带（穴）深度达 60 厘米，定植时需视土壤状况对其进行填充。若土壤偏黏，在定植带（穴）中要掺入泥炭或腐熟的碎树皮、干草、锯木屑等，上面覆 10 厘米左右的土，以避免未腐熟的植物残体和苗木根系直接接触。也可在种植带（穴）土壤的下层预施农家肥（50~100 千克）和少量磷、钾无机复合肥作底肥，并将肥料与土充分混合，上面同样覆一层土，最好每穴再施饼肥 2 千克左右。下层施肥有利于根系向纵深发展。种植穴（带）做成馒头状，置一段时间后，种植穴（带）馒头状变平后定植。

定植时若发现根系上有瘤状物则应全部剪除，同时剪去受伤的根，或稍修剪一下苗木根系，有利于发新根。然后，将苗放置穴中央，理顺根系，防止窝根，扶正苗木，使接口面向迎风面，一边将细表土填盖根部，一边向上轻提苗木，使根系舒展，与土壤紧密接触，然后继续培土至土面略高于根颈部为宜，但不能将嫁接部位埋入土中。及时浇透水，待水完全渗下后再覆盖一层疏松薄土，培成馒头状。

定植后在嫁接口部位以上 2～3 个饱满芽处短剪进行定干，高度约 30 厘米，以促其枝蔓旺盛生长。定干后，在苗旁立一杆状物，将苗绑缚其上，使苗直立生长，并注意不能缠绕，在上架前始终保持"一干"笔直向上。当生长明显减弱，进行短截或摘心，确保主干旺盛生长。栽后管理要保持土壤湿润状态，但不渍水。高温下对幼苗进行遮阴，薄肥勤施，以氮肥为主。

第五章

猕猴桃整形修剪技术

　　整形修剪可使树体健壮，树冠通透，结果均衡，品质优良，是调节树体生长与结果的有效手段，也是提高果实商品性的一项关键技术。猕猴桃是多年生藤本果树，若不整形修剪，任其自由生长，枝蔓在架材上必将相互缠绕，且长得杂乱无章，使树体无效枝蔓增加，并且通风、透光不良。植株即使结果，则产量低、品质劣、大小年结果现象严重，而且树体衰老快、经济寿命也短。

一、整形修剪的依据

　　整形修剪通过调节树体生长与结果关系来实现"早果、丰产、稳产、优质、壮树、长寿"等效果。如此目的都是通过调节树体生长与结果关系来实现的。例如：幼树轻剪长留，加快构建标准树形，可促其早结果早投产；成年树通过调节枝量与密度，使树体通风透光，既减少病虫害，又改善果实品质；通过控制叶果比，以平衡生殖生长与营养生长，使树体保持健壮，从而延长其经济寿命。以下几个方面作为猕猴桃整形修剪的重要依据。

　　品种的生物学特性：萌芽力、成枝力、结果习性不同，修剪方法应有所区别、各有侧重。

　　树势：树势强，适当轻剪；树势弱，适当重剪。

　　树龄：幼树生长势强，应适当轻剪，使树冠尽快扩大，产量尽快增加；成年树，适当重剪，以控制结果母枝数量，求高产、稳产；衰老树应重剪，利用隐芽抽枝更新树冠。

栽植密度：密度大，树冠宜小；栽植稀，树冠宜大。

立地条件：山地土壤瘠薄、土层浅，树体一般树势弱、树冠宜小，宜适当重剪，以使树体健壮。土层深厚、土壤肥沃的平地，植株树势强、树冠宜大，宜适当轻剪，使之多结果。

管理水平：栽培管理水平高，植株树势则强，应采用大树冠，适当轻剪；栽培管理水平低，树势必弱，宜采用小树冠，适当重剪。

二、整形

整形因栽培架式不同而有所差异，目前常用的有大棚架和 T 形架两类。大棚架多采用一干两蔓的"丫"字形，而 T 形架则选用一干二蔓的"丫"字形或一干一蔓型。

（一）一干两蔓的"丫"字形整形

"丫"字形整形较为普遍，一种方法是让主干直立向上，当其长至离棚面 30 厘米时摘心，以促其分枝，选 2 根方向相反、生长健壮的枝条分别作为第一和第二主蔓，形成一干两蔓的"丫"字形。另一种方法是让直立向上的主干生长直至高出棚面，然后在其棚下离棚面 30 厘米左右处弯曲，以在其弯曲部位诱发副梢。所发生的副梢作为第二主蔓，而主干被弯曲的上端部分为第一主蔓。无论选用哪种方法，在"丫"字成形期间，第一主蔓和第二主蔓均需用小竹竿引缚，使其各自与棚面呈 45°角生长，并逐步移动小竹竿，使引缚其上的主蔓逐渐靠近棚面，直至被固定棚面上为止。两主蔓在架上护养到位后，同侧每隔 25～35 厘米培养 1 个侧枝，即结果母枝，与主蔓垂直。整个整形过程以往一般需要 3～4 年。但若苗木质量高，立地条件好，管理得当到位，定植当年即可形成具有较多侧枝抽生的两大主蔓，并于翌年开花结果。这是目前比较推崇的整形要求和目标，即"一年上架成形，二年开花结果，三年开始投产"。

（二）一干一蔓型整形

一干一蔓整形少有应用，其主要操作过程是当主干延伸到棚下 20～30 厘米时，弯曲呈 45°角上棚，上棚后水平笔直延伸，抹除棚下弯曲部抽发的腋芽，从而形成一干一蔓型。在这一蔓上培养侧枝，即结果母枝，与主蔓垂直。该种树形株距可以视情况加密。

（三）"1288"型整形

所谓"1288"型整形，即 1 个主干，2 个主蔓，2 个主蔓上各培养 8 个结果母蔓。生长势相对较弱的中华猕猴桃可以采用该种树形。其培养方法前 1～2 年与一干两蔓的"丫"字形相同，主要在第三年 2 个主蔓上的结果母枝各控制在 8 根，之后每年轮换更新结果母枝，持续抽生年青旺盛的结果母枝，使其树形整齐。

三、修剪

修剪按时期分为冬季修剪和夏季修剪。一年四季除伤流期外均可修剪。落叶到伤流前期称冬季修剪，简称冬剪，又称休眠期修剪；萌芽至落叶时期修剪称生长期修剪，又称夏季修剪，简称夏剪。猕猴桃经济寿命较长，且雌雄异株，故而其修剪方法因树龄和性别而有所变化。

（一）冬季修剪

冬季修剪最好在落叶后开始至伤流期前 1 个月完毕，一般于

1月上旬至2月中旬进行。除了剪除枯枝、病枝外，冬剪主要从结果母枝选留、枝蔓更新、预备枝培养和留芽量等方面入手。①结果母枝选留。优先选留生长健壮的营养枝和结果枝，其次选留生长中庸的枝蔓，在缺乏枝蔓时可适量选留短枝蔓填补空缺。留结果母枝时应尽量选用距主蔓较近的枝蔓，愈近愈好。选留的枝蔓根据生长状况修剪到饱满芽处。②更新修剪。原则上选留从原结果母枝基部抽生或直接着生在主蔓上的枝条作为结果母枝，将上一年的结果母枝回缩到更新枝附近或完全疏除掉。每年全树至少1/2以上的结果母枝得以更新，两年内全部更新一遍。③预备枝培养。未留作结果母枝的枝蔓，如果着生位置靠近主蔓的，剪留2～3芽为翌年培养更新枝。④留芽数量。留芽量取决于预定达到单株产量的指标，其计算公式表示为：留芽数量＝单株预定产量（千克）／［萌芽（成枝）％×果枝（％）×每果枝果数×平均单果重（千克）］。公式中的萌芽率、每果枝果数以及平均果重等数据，在生产中对每个品种经2～3年的调查即可得到。修剪完毕后整株树要留足结果母蔓，在每个结果母蔓上须保留足量的有效芽。所留的结果母蔓和有效芽的数量因品种不同而有差异，对于海沃特品种，全树保留25个左右结果母蔓，长结果母蔓留芽8～10个，中结果母蔓留芽6～8个，短结果母蔓留芽3～4个。海沃德的有效芽数30～35个/米^2，所留的结果母蔓均匀地分散开，并呈平行分布被固定在架面上。

冬季修剪可按以下顺序进行：看，了解树体的情况，针对不同品种、雌雄株、树势强弱、枝条密度与分布等，实施不同的修剪方法。疏，疏剪基部萌蘖枝、干枯枝、病虫枝、弱枝、过密枝和无利用价值的徒长枝。截，对结果枝和营养枝进行短截，根据品种结果习性、枝蔓粗细和类型决定剪留长度。摆，将选留的结果母蔓初摆于架面，看分布是否均匀。查，最后检查是否有漏剪和错剪。

猕猴桃枝蔓的髓部大而中空，组织疏松，水分极易蒸腾，而且伤口的愈伤组织开成较慢，剪口下易干枯。因此，修剪时，剪口不宜离芽太近，应留出 2 厘米左右，以保护剪口芽。此外，冬剪还要考虑不同年龄时期的生长发育特点，使幼株及时成形；使成年树年年丰产；使老树复壮、延长结果年限。

（二）夏季修剪

夏季修剪即生长期修剪，泛指从萌芽后至落叶前的修剪，但主要集中于 4～8 月进行。其主要任务一是结果母枝和更新枝的选留与培养，二是结果枝的修剪，以保持枝蔓井然有序、通风透光。

在生长期需要多次修剪。第一次夏剪于 4～5 月进行，不结果并无利用价值的嫩梢一律除去。较直立的徒长枝可留桩短剪，其短桩上要留有 2～3 个腋芽，以抽生更多更好的更新枝。结果枝修剪主要是在摘心上下工夫，一般从结果枝末位一个果算起留 6 片叶摘心，对于长势弱的结果枝仅留 4 片叶摘心，对于长势旺的结果枝则留 7～8 片叶摘心，对于自然停长或"自剪"的结果枝自然无需摘心。一般要求结果枝上的叶果比不低于（2～3）：1。但也有人提出"零叶"摘心的方法，即将黄金果猕猴桃结果枝末位一个果的以上部分全部摘去，仅保留结果部位的叶片，其目的是去掉所有腋芽而不抽生副梢。另外，新梢先端一出现缠绕应立即回缩除去。6～7 月是夏季修剪的关键时期，其主要任务是对下一个生长季的枝条进行首次选择，对营养枝或靠近主蔓的结果枝应尽量长放，以培养成为翌年的结果母枝。猕猴桃于生长季可抽生 2～3 次副梢，为使树冠不郁蔽并平衡生殖生长与营养生长，对经摘心或短截的枝蔓顶端抽生的副梢可留适当长度反复进行摘心，尤其要抑制或控制结果枝结果部位以上副梢的抽生与生长。为避免枝梢摘心后不断抽梢，可采用上述"零叶"摘心的方法，亦可采用"掐芽"的方式，即于 5 月将结果枝顶端嫩芽掐得"半死不活"，以抑制副梢的生长。所有枝蔓都应合理分布，尽量不超出所限定的空间。缠绕枝和 T 形架行间阻挡通道的强旺枝一概短剪或除去。要确保大棚架叶幕的透光性，以树冠下地面能产生斑点型光亮为度。

（三）雄株修剪

雄株应保持与雌株相同的基本树形结构，其修剪于谢花后立即进行。修剪时，将开花母枝回缩修剪到靠近主蔓的新梢处。可留 2～3 个未开花的生长枝作为翌年的开花母枝，疏剪其余已开过花的开花枝。雄株重在生长季修剪，若有必要，在 7～9 月都可对开花母枝进行回缩修剪。新梢的夏季修剪关键在于对新梢的长留和反复摘心，培养健壮的开花母枝，疏剪弱梢和过密枝。为使雄株在花期有更多的花粉，其冬季修剪只疏枯枝、病虫枝以及基部萌蘖。

（四）初果期幼树修剪

此期修剪宜轻，适当多留枝叶，以使主干、主蔓增粗，为以后丰产培养好壮实的骨架。冬季修剪应适当多留结果母枝，而且进行轻短截，并将结果母枝均匀地绑缚在架面上，形成结果母枝组。要逐步疏剪辅养枝。夏季修剪时，在结果母枝上适当多留新梢，其他按修剪原则进行。此期经 2～3 年便进入盛果期。

（五）衰老树修剪

对衰老树要重修剪，使之更新复壮，即对结果母枝重回缩，利用其中生长较好的枝蔓更新结果母枝组。疏剪死结果母枝，或利用主蔓上隐芽发出的徒长枝更新结果母枝。主枝严重衰弱者，利用主干上的萌蘖更新主蔓。若主干也严重损坏，可锯至未损坏处，使主干上隐芽萌发抽梢更换主干。若主干已经死亡，可利用基部萌蘖高接换头，重新培养良种树冠。

第六章

猕猴桃授粉技术

猕猴桃栽培品种绝大多数为雌雄异株，雌花必须完成授粉受精后才能结果。授粉受精良好时，雌花95％以上会结果，且果实生长快、果形大、产量高、品质优。相反，授粉受精不良的果实，果形小、品质差，甚至中途脱落。自然情况下，猕猴桃主要靠昆虫授粉，靠风辅助授粉。人工栽培的猕猴桃园，遇到雌雄株配比不当、花期不遇、雄花量不足、花期阴雨低温和由于特殊原因没栽雄株等，就必须进行人工授粉，不然产量将会大减甚至无收。猕猴桃开花期若遇连日阴雨或大雨天，如不进行人工授粉，自然结果率就只有1％～10％。金魁等部分美味猕猴桃品种，即使开花期为晴朗天气，如蜜蜂等昆虫不多或有其他适口蜜源，结果率也只有30％～40％，产量一般会减少30％～60％；雄花充足的果园，若给予1次人工授粉，可增产5％～10％，果实增大2％～3％。猕猴桃雌花只有花粉而无花蜜，为提高人工放蜂授粉效果，要事先对雌花喷洒糖水或蜂蜜液，以吸引蜜蜂传粉。猕猴桃园每亩放半箱蜜蜂就可达到良好的授粉效果。

一、猕猴桃的授粉特性

猕猴桃果实大小由其品种特性所决定，还与果实内种子数量有关，而种子数量又由授粉的充分程度所决定。一般认为，授粉效果影响果实种子数量，从而影响果实大小，即果实中种子数量与果实大小成正比，种子数越多，果实越大，风味越好。一个发育正常的美味猕猴桃果实，其种子数通常需要800～1 200粒，而中华猕猴桃果实种子数则需要600～1 000粒。因此，在猕猴桃生产中，常将人工授粉或果园放蜂作为实现果大、整齐和质优等目标的关键技术。

二、猕猴桃授粉技术

授粉方法主要有人工授粉和果园放蜂两大类，而人工授粉又分为手工授粉和机械授粉两种。本章节主要针对机械授粉而提出的最新授粉技术。

（一）花粉采集与解冻吸潮

选择比雌树品种花期略早、花粉量多、与雌株品种亲和力强、花粉萌芽率高、花期长的雄株，采集含苞待放或初开放而花药未开裂的雄花，于上午9～11时集中采集雄花，以花蕾露白1/3，手按有蓬松感为宜，花瓣张开1/3的雄花也可。用猕猴桃剥花机等分离取得花药，然后可采取以下方法脱粉：①将花药平摊于纸上，置于多功能花药烘干恒温箱内，在22～28℃下放置20～24小时，使花药开放散出花粉。在有条件的情况下，可优先选用该方法。②将花药摊放在一个平面上，在距该平面100厘米的上方悬挂100瓦电灯泡照射，待花药开裂取出花粉。采用此法，温度较难调控，需要密切监控，确保温度不超过28℃。

选用经冷冻处理的贮藏花粉或商品花粉，使用前必须常温解冻吸潮24～48小时，以激活花粉活性。解冻后不宜存放时间长，以免影响授粉质量。再如，选用于上年采集并贮存于−20℃的陶木理（Tomuri）花粉，在使用前将其取出放于5℃的冰箱48小时，再放于常温5～7小时即可配置使用。采用这种在使用前逐步升温的办法比较可靠。

（二）机械授粉种类及其用量与配比

授粉器授粉分为机械干式授粉和机械湿式授粉两种，其发展经历了自然授粉、人工对花授粉、混合花粉授粉和专用雄株授粉等4个阶段。

机械干式授粉：为目前最常用的授粉方法之一。授粉器主要由吸粉腔、贮粉腔、喷粉管和动力装置四部分组成。宜使用自制或来自正规企业的纯花粉，盛果期每公顷用量200～500克，按1：（1～2）的比例混配专用染色石松子，其中以1：1混配的授粉效果更好。一般在花期喷2次，即全园开花30％～40％喷1次，开花70％～80％再喷1次。需要注意的是，贮粉腔中所装花粉和石松子粉的混合物1次不能超过80％的容量，阴雨天授粉效果很差，同时做好花前水肥管理工作，促花壮花。

机械湿式授粉：在生产上尚少有应用。选一个没使用过任何农药（或除草剂）的喷雾器洗净待用。将花粉、白糖和水按1：10：9 989的重量比配置成悬浮液，也可在1升含1克花粉的悬浮液中添加1克硼酸、4克阿拉伯胶及10克白糖。配制的花粉悬浊液要在1小时内完成，以免花粉在液体中浸泡时间太久吸水膨胀而破裂，影响授粉效果。喷雾时喷头向上，对着雌花喷。喷雾器距花朵约15厘米，不可太近，调节喷雾器头保持雾化良好，喷雾时要迅速喷雾，不可在一处停留过久，以免形成水珠后使花粉随水珠滴落而降低授粉效果。新西兰农户在所用的花粉液中添加食用色素，使授过粉的地方可显示，不至于漏喷或重复喷。雨天要待雨停后喷雾授粉，隔1天再喷1次。晴天一般喷雾授粉1次即可。花粉液中若能加入0.5％～1％的蜂蜜，授粉效果会更好。一般亩用花粉30～50克即可。用几种授粉品种的花粉混合后对雌花授粉，效果比用一种雄花的花粉好，坐果率一般可提高5％～10％。

（三）人工授粉适宜时间与温度

授粉最好于上午 8～11 时进行，下午 3～5 时亦可。当柱头蜜露和亲和物质充足时，授粉质量高。授粉适宜温度 18～28℃，气温超过 30℃ 不宜授粉。雌花开放后 5 天之内均可进行授粉，但随着开放时间的延长，授粉受精后果实内的种子数和果个会逐渐下降，以花开放后 1～2 天的授粉效果最好，第四天授粉坐果率显著降低。

（四）花粉贮藏

在湿度低于 10％、温度为 -20℃ 的条件下贮藏花粉三年以上，其发芽率仍在 90％ 以上。在 5℃ 的家用冰箱中花粉可贮藏 10 天以上，而在干燥的室温条件下可贮藏 5 天左右，但随着贮藏时间的延长，授粉后果实的重量逐渐降低，室温下以贮藏24～48 小时的花粉授粉效果较好。

（五）花粉活力鉴定

花粉活力测定一般采用离体萌发法，培养基采用液体培养基，即 12％蔗糖、0.03％硼酸和 0.07％硝酸钙，pH 为 6.0（以 Tris 调节）。取 1 毫升培养基于 1.5 毫升的离心管中，用铅笔橡皮头一端蘸取少量花粉于培养基中，做好标记，置于 25℃、180 转/分钟的摇床中培养。分别于 3、5、7、9、11、13 小时进行观察。每个样品在 10 倍镜下取 5 个视野进行观察，总花粉数量不少于 100 粒。每个样品重复 3 次。按以下公式计算：花粉活力＝萌发花粉数/被观察花粉总数×100％。

（六）花粉直感效应及其倍性的影响

花粉直感效应在猕猴桃果实上表现明显，因此生产上要根据需要选择合适的花粉进行授粉。陈庆红等于 1996 年，在对金魁猕猴桃的雄株配套研究中首次发现猕猴桃上存在花粉直感现象，其研究表明，不同雄株花粉可改善金魁猕猴桃的果形，提高可溶性固形物含量，增加维生素 C 含量等。齐秀娟等选用 4 种花粉对 3 个猕猴桃品种进行授粉研究发现，猕猴桃在果实坐果率、单果重、可溶性固形物含量、横径、纵径、果形指数、硬度、果实形状等方面都有明显的花粉直感效应，而在果柄分离难易方面无花粉直感效应。李永武等研究也发现，华优授不同雄株花粉后，其坐果率、果实品质以及果实形状均受到影响。可见，选择有助于优良性状表现的花粉进行授粉，为雌性品种配置专一的雄株，有利于提升果实品质及其商品价值。

　　一般认为，猕猴桃的种间亲和性小于种内的亲和性，同种内不同品种的亲和性亦不同。授粉亲和性低的往往雌株种子数少、种子发育不良、坐果率也低。齐秀娟等观察到二倍体和四倍体的中华猕猴桃雄株给软枣猕猴桃授粉，其坐果率都很低，即使与雌株倍性相同，坐果率仍不足 20％，说明种间生殖存在隔离。但当用六倍体的美味猕猴桃雄株给软枣猕猴桃授粉时，尽管还是种间授粉，且染色体倍性不同，但其坐果率却与软枣猕猴桃种内同倍性授粉的效果相近。这似乎说明，坐果率随着雄株倍性的加大而增加。因此，倍性同样是选择合适花粉需要考虑的一个重要元素。

第七章

猕猴桃设施栽培及套袋技术

一、设施栽培技术

由于受气候因素影响很大，猕猴桃种植长期以来"靠天吃饭"，特别是近年来，在猕猴桃生长的关键时期，常常伴随阴雨天气，造成授粉困难，病虫害增多。为摆脱不利气候条件的影响，提高果实品质和产量，开始对猕猴桃实施设施栽培。

（一）配套设施及定植规格

采用宽6米、长30米的普通单栋塑料大棚。棚内排灌沟系配套，铺设滴灌带（水管）2根。用水泥柱子和铁丝搭建平棚架，利于猕猴桃生长期整枝整形。定植前大棚内挖定植沟2条，宽60厘米、深70厘米，沟底及两侧铺塑料薄膜，每亩施高质量商品有机肥3 000千克、磷肥50千克作基肥。种植株距2米，宽窄行种植，行距规格1.5～3米，每棚种植30棵，雌雄植株种植比例为15：1。

（二）设施栽培应用

1. **促成栽培** 早春（1月中下旬）大棚覆盖塑料薄膜，增加积温，促使猕猴桃各生育期提前，达到早结果、早成熟的目标。覆膜后，萌芽期的温度调控十分重要，既要防止棚内温度过高而造成起烧苗，又要防止低温袭击，造成刚萌发的芽冻害，因此，萌芽期棚内温度要控制在 25℃，加强通风换气，促使早发。一般情况下，大棚猕猴桃萌芽在 2 月 25 日左右，花期在 4 月 16 日左右，9 月初即可成熟。在设施栽培条件下，各生育期比露地栽培要早 15 天左右。

2. **遮阳降温**　猕猴桃不耐强光高温，32℃以上高温根系基本停止生长；长时期强光直射，则会使果实表皮出现日晒斑，不仅影响果品外观，也影响口感，降低商品性，同时，高温强光对叶片也会造成伤害，特别是高温干旱条件下会加速叶片老化。通过设施栽培，在强光高温季节覆盖遮阳膜后，可有效减少强光和高温对猕猴桃的伤害，果实日晒斑显著减少，还可增加绿叶数，使叶面积增大，并减少叶片的蒸腾作用，增强猕猴桃后期长势，且有利于养分积累，为来年生长奠定营养物质基础，同时，增加了经济效益。实践表明，采用遮阳覆盖栽培的猕猴桃其单株结果数约 45 个，而露地种植的单株结果数约为 36 个；遮阳覆盖栽培的猕猴桃其单果重约 95 克，而露地栽培的单果重约为 84 克；设施栽培的猕猴桃亩产量约为 429.70 千克，而露地栽培的亩产量约为 304.89 千克；露地种植猕猴桃其可溶性总糖度为 16.42%，遮阳覆盖栽培的猕猴桃其可溶性总糖度为 16.31%，且果皮光亮，商品性好，基本不降低糖度。

3. **抗御风灾**　猕猴桃枝叶脆嫩、易落果，难以抵御风灾；南方沿海地区每年遭遇台风数次，极不利于猕猴桃稳产提质。覆盖薄膜和遮阳膜后，设施大棚成为猕猴桃的避风港，一般台风天气对其生长基本没有影响，能有效确保果品的产量和品质。

4. **根域限制**　猕猴桃根为肉质根，70% 根系为平行生长，喜欢沙性土壤，不耐高温，扎根浅，怕水又喜水，针对其生长特点，可采用根域限制栽培。挖定植沟时，沟内侧铺设塑料薄膜，上面铺设滴灌水管，在整个生长结果期，以水调肥、以水控肥、用水促控，高温期间小水勤灌，确保植株不失水、不缺水，促使树体发育健壮。该技术尚处于试验阶段，还未普及推广。

（三）设施栽培配套技术要点

1. **整形修剪** 第一年肥水调匀，培育树势促壮苗，一两次摘心，培育粗壮主干。高度达 1.8 米时进行第二次摘心，留 2 个果枝，呈 Y 形平面绑扎，促进生长多积累养分，培育壮枝。秋后形成成熟结果母枝，冬季短修剪，以后冬季的修剪主要根据树势选留结果母枝数。每年萌芽抽生新枝条，至收获期做好枝条绑扎，抗御风灾。

2. **肥水管理** 秋冬季基肥：12 月下旬至翌年 1 月中旬每亩施精制有机肥 1 500 千克、磷肥 50 千克。催芽肥：前期每亩施尿素 10 千克，后期每亩施 25％复合肥 20 千克。膨果肥：授粉后 15～20 天，每亩施 25％复合肥 20 千克、硫酸钾 5 千克。恢复肥：采收结束后及时施好恢复肥，每亩施 25％复合肥 25 千克。

3. **枝芽管理** 猕猴桃品种叶片薄而大，抗逆性较差，且枝梢细长易折，应随时注意绑枝和引蔓。在猕猴桃现蕾时，应首先抹除位置不合适的无花芽、过密芽、弱芽。授粉结束后开始摘心，结果枝上最后一个果往上数 3～4 片叶处摘心，摘心后新生长的枝要及时除去或再次摘心。对枝条基部或位置适宜的壮旺枝要适当长放，培养成第二年结果母枝。

（四）合理疏果

根据树龄和长势进行合理疏果，疏果一般在 4 月下旬至 5 月上旬进行，对结果多的植株适当疏果，合理叶果比，提高单果重和糖度。原则上，同花序留单果，并疏除同枝顶果和尾果，一般长枝留 3～5 个果，中枝留 2～3 个果，短枝留 1～2 个果。

（五）适时采收

一般在授粉后 17～18 周、果实基本成熟时进行采收。促成栽培的猕猴桃一般在 8 月下旬至 9 月初成熟，应及时采收。采收的猕猴桃在常温下存放期较短，常温下 5 天左右果实变软、糖度升高，应及时食用，在冷藏（0～4℃）条件下，可延长存放期。

（六）适时揭膜

在猕猴桃收获后要适时揭膜，以改善土壤理化性状，防止产生土壤次生盐渍化，同时，也可利用旧薄膜，以减少生产成本。揭膜一般在台风季节过后进行，这样既可减少高温和台风对树体的伤害，又可有效恢复树势。

（七）病虫害防治

猕猴桃病虫害发生较少，原则上全年用好4次药：冬季树干刷白，冬、春季用3～5波美度石硫合剂各喷1次；花前喷甲基硫菌灵等杀菌剂1次；花期和幼果期注意防治金龟子、叶蝉和红黄蜘蛛；采果前15天全园喷施硫菌灵或退菌特等杀菌剂1次。

二、套袋技术

日本是最早实施水果套袋技术的国家，我国从20世纪90年代初从日本等国引进该项技术，至目前已进入大面积推广阶段。随着人们生活水平的提高，对水果的需求已从"产量时代"跨入"质量时代"，追求优质果品、保健果品、无公害果品已是时代的潮流。而水果套袋则已成为生产优质高档果品和绿色果品的一项必要配套技术。果实通过套袋可达到果面干净，降低果实病虫害的感染率，降低农药残留，减少果实之间及果实与叶片之间的摩擦伤疤，防止日灼，提高果实品质。

近年来，在猕猴桃栽培中也开始提倡果实套袋。其技术操作要点如下：

（一）套前疏果

根据树体生长情况和果园管理水平，确定留果量。疏果定果采用休眠期短梢修剪的猕猴桃，尽量保留结果枝，每个结果枝留 3～4 个果，疏除多余的果实。采用长梢修剪的猕猴桃，疏除结果母枝基部生长较弱的结果枝上的果实，其余的结果枝留 2～3 个果实。结果母枝中间部位不能正常抽生结果枝的，可以在稀疏的结果枝上留 3～4 个果实。树体较弱、受伤的结果母枝要适当少留果或不留果。及时疏除病虫果、畸形果、磨斑果、营养不良果。疏果时，先内后外、先弱枝后强枝。幼园树根据结果母枝强弱，每个结果母枝留 2～3 个结果枝，每个结果枝留 2～3 个果实。

（二）选用专用果袋

目前猕猴桃上主要使用的为单层黄色纸袋，透气性好，有弹性、防菌、防渗水性好。日本采用的具有隔水性能的白色石蜡袋，效果也很好。

（三）套前喷药

可喷施 20% 灭扫利 2 500 倍液、甲基硫菌灵或多菌灵等广谱性杀菌剂，控制金龟子、小薪甲、椿象、介壳虫等害虫，防治果实软腐病、灰霉病等其他病害。禁止使用高毒高残留农药，控制植物生长调节剂使用。重点喷果实，杀死果面菌、虫等。喷药几小时后方可套袋。若喷药后 12 小时内遇上下雨，则要及时补喷药剂，同时露水未干不能套袋。

（四）套袋方法

套袋时严格选果，中长壮枝宜多套，剔除病虫果，每花序只套一果。一株树或一片园套与不套，要有统一安排，不可有的套袋有的不套袋，减少打药次数。套袋前一天晚上应将纸袋置于潮湿地方，使袋子软化，以利于扎紧袋口。具体操作步骤如下：①左手托住纸袋，右手撑开袋口，使袋体鼓胀，并使袋底两角的通气放水孔张开。②袋口向上，双手执袋口下 2～3 厘米处，将幼果套入袋内，使果柄卡在袋口中间开口的基部。③将袋口左右分别向中间横向折叠，叠在一起后，将袋口扎丝弯成 V 形夹住袋口，完成套袋。套袋时注意用力要轻重适宜，方向始终要始终向上，避免将扎丝缠在果柄上，要扎紧袋口。这样操作的目的在于使幼果处于袋体中央，并在袋内悬空，防止袋体摩擦果面和避免雨水漏入、病菌入侵和果袋被风吹落。

（五）套袋及解袋时间

落花后 50 天左右套完。早熟品种红阳从 6 月上旬开始至中旬结束；晚熟品种海沃德、徐香等从 6 月中旬至 7 月上旬，用10～15 天时间套完。套袋过早，容易伤及果柄果皮，不利于幼果发育；套袋过晚，果面粗糙，影响套袋效果，果柄木质化不便于操作。套袋应在早晨露水干后，或药液干后进行，晴天一般上午 9 时至 11 时 30 分和下午 4～6 时为宜，雨后也不宜立即套袋。采收前 3～5 天去袋，或连果袋一起采收。绑于结果枝上的果袋，首先托住果袋底部，松解果袋扎丝，旋转果袋连果袋一同摘下果实。绑于果柄的可拖住果袋底部旋转，连果袋一同摘下果实。采下的果实轻轻解袋脱除，然后分级。

（六）与有袋栽培相适应的技术体系

建立有袋栽培体系：一是品种优良。二是提倡人工授粉，务必严格疏果、控量增质。三是依套袋要求改变用药制度，强调套前防治，即：冬前或发芽前施用石硫合剂，重者落花后和套袋前还要喷药 1～2 次。四是合理施肥，控制氮肥用量，增施磷、钾肥，以厩肥为主，化肥为辅，有机肥用量应为果量的 2～3 倍，并于采果后早施。五是水、氮肥主要用在前期，套袋前全园灌水1 次，追肥 1 次，以利于果实膨大。后期增施磷、钾肥，严格控氮、控水，应多次喷肥。六是适当晚采，增糖提质。

第八章

猕猴桃矿质营养、缺素症诊断及矫正技术

一、猕猴桃各器官所需的主要矿质营养

猕猴桃对各类矿质元素需要量大，同时，各种营养元素的吸收量在不同生育期差异很大，主要矿质元素在根、茎、叶和果中的分配也存在较大差异。早春萌芽期至坐果期，氮、磷、钾、镁、锌、铜、铁、锰等在叶中积累量为全年总量的80%左右；果实膨大期，氮、磷、钾营养元素逐渐从枝叶转移到果实中。

氮素在猕猴桃树的根、茎、叶、果及皮层和木质部的分布为：根、叶、果实＞茎；皮层＞木质部；冬季氮的贮存部位是根和茎的皮层，并且主要贮存在茎的皮层。每亩产量为2 000千克的猕猴桃园，年周期猕猴桃树体每亩总吸氮量约为14.45千克，进入果实收获期以后和结果前每亩共吸收氮量2.25千克，整个果实生长期吸收氮量12.2千克，分别占总吸氮量的15.57%、84.43%。

磷在猕猴桃树的根、茎、叶、果及皮层和木质部的分布表现为：根、叶、果实＞茎；根和茎的皮层＞木质部。萌芽期到果实生长始期猕猴桃叶生长所需的磷素78.89%来自于从外界的吸收，4.44%来自根的上年贮藏磷，16.67%来自茎的上年贮存磷。果实生长始期到果实迅速膨大末期猕猴桃树吸磷量为

全年磷总吸收量的 55.40％，是磷素营养最大效率期。年周期猕猴桃树体（亩产量 2 000 千克）每亩吸收磷素的总量为 2.64千克。

钾含量在猕猴桃树体各器官及部位近似表现为：果实＞叶＞一年枝皮层＞两年枝皮层＞多年枝皮层＞主干皮层、根皮层；皮层＞木质部；根木质部、一年枝木质部＞两年枝木质部、多年枝木质部、主干木质部；细根＞粗根。年周期猕猴桃树体（亩产量 2 000 千克）每亩吸收钾素的总量为 11.19 千克。

已有的研究表明，猕猴桃果实中的钙、镁、锰含量均低于根、叶、茎中的含量，而且这种差距在果实迅速膨大并进入成熟期有加大的趋势。而叶片中的情况刚好相反。以米良 1 号品种 7月的元素测定为例（表 4）钙元素在叶中的含量是果实中的 5.5倍；叶片镁含量是果实镁含量的 5 倍多，是根和茎的 1.48 倍多；叶片中的锰含量约是果实的 6.3 倍。果实中的钾与其他元素相比含量是很高的，7～9 月表现更加明显，而此时正是果实迅速生长期，形成一个强大的"钾库"。

**表 4　米良 1 号猕猴桃 4～9 月不同组织
主要元素含量**（单位：毫克/千克）

元素	组织	4 月	5 月	6 月	7 月	8 月	9 月
钙	根	27.437	22.624	26.593	22.545	22.807	28.241
	茎	12.589	6.566	16.489	14.625	25.307	11.836
	叶	20.869	21.626	26.455	24.122	25.845	23.198
	果	9.301	4.825	5.890	4.398	3.714	3.918
钾	根	14.360	14.679	11.984	13.079	11.991	13.476
	茎	12.469	12.507	11.687	8.891	13.044	12.159
	叶	19.439	16.722	15.649	10.457	13.823	16.652
	果	21.057	15.973	14.909	14.503	23.202	18.045

（续）

元素	组织	4 月	5 月	6 月	7 月	8 月	9 月
镁	根	1.820	2.165	1.945	3.953	2.433	2.298
	茎	3.940	3.940	4.355	3.963	3.564	1.756
	叶	5.547	3.500	4.662	5.858	7.973	7.168
	果	2.871	1.338	1.515	1.156	2.315	1.372
锌	根	0.090	0.134	0.088	0.150	0.063	0.086
	茎	0.082	0.082	0.075	0.086	0.087	0.069
	叶	0.065	0.073	0.078	0.090	0.073	0.070
	果	0.081	0.047	0.047	0.532	0.043	0.071
锰	根	0.087	0.072	0.114	0.067	0.142	0.038
	茎	0.026	0.027	0.026	0.018	0.064	0.081
	叶	0.121	0.128	0.141	0.138	0.169	0.184
	果	0.055	0.035	0.027	0.022	0.002	0.006
钠	根	0.132	0.171	0.127	0.252	0.151	0.138
	茎	0.152	0.111	0.137	0.132	0.128	0.156
	叶	0.167	0.061	0.104	0.068	0.108	0.086
	果	0.136	0.122	0.125	0.128	0.006	0.126
铜	根	0.053	0.055	0.066	0.060	0.060	0.064
	茎	0.052	0.058	0.062	0.059	0.049	0.070
	叶	0.053	0.054	0.052	0.058	0.058	0.053
	果	0.060	0.046	0.00	0.056	0.060	0.058

　　猕猴桃对锰、铁、硼、锌等微量元素比较敏感，适量的锰能保证猕猴桃各生理过程正常进行，可提高维生素 C 的含量；铁在蛋白质的合成、叶绿素的形成、光合作用等生理生化过程中起重要作用；硼能促进花芽分化和花粉管生长，对子房发育也有影响，适量的硼能提高维生素和糖的含量，增进品质，促进根系发育，增强吸收能力；锌是某些酶的组成成分，还与生长素的合成

有关，也是果树的重要营养元素之一。

（一）叶片中矿质营养水平的变化

高产成龄猕猴桃植株叶片中不同矿质元素浓度的季节变化大体可分为三类：钾一直下降；氮、磷、铜和锌首先下降，中期保持相对稳定，钙、镁、硫、硼、锰与铁等首先亦下降，但后期则上升；钠或钼无明显的季节变化。发育中的果实对叶片钠、钾含量有很大影响，靠近果实的叶片尤其显著。

海沃德猕猴桃在整个生长期内，叶片氮（5.07～2.74%）、磷（1.0～0.44%）、钾（3.29～1.95%）和锌（36～19 毫克/千克）一直下降，而钙（1.41～4.21%）、镁（0.23～0.50%）与锰等则一直上升。

研究表明，中华猕猴桃与美味猕猴桃虽分属两个不同种，但在营养元素含量上无明显差别，各元素在年生长周期中的变化规律也趋于一致。值得注意的是，猕猴桃正常生长的叶片中氯的含量很高，可达干重的 2%，其对氯的要求比其他果树高 10 倍，低光照下植株对氯的要求更高，如果每克干重叶片中氯降至 70 微摩以下，则生长大大下降。

（二）果实中矿质营养的变化

猕猴桃果肉中铜、铁、氮、磷、钾、硫和锌等的浓度在生长的头 8 周下降，然后趋于稳定或下降很缓慢直至采收。果肉中硼、钙、镁和锰的浓度在整个生长季持续下降；总体来说，果肉与果皮比有较高的氮、磷、钾浓度，但钙、锰、锌浓度却较低，营养转运的途径主要是韧皮部，钙、锰和锌似乎例外，这些元素优先由木质部运转。

（三）根中矿质营养水平的变化

猕猴桃根内贮藏的钠、钾在萌芽后不久的树体发育中发挥重要作用；锰、铁、硼大多累积于叶内，锌、铜则多累积于根中；50％的钙存在于叶中；根在休眠期，锰、铁、硼、锌、铜、钙等元素含量只占树体的60％，但大量元素占树体的75％～85％。

二、必要元素的生理作用

（一）氮

氮素是一切植物必需的大量营养元素之一，它是果树生长的重要物质基础，对果树的器官建造、物质代谢、生化过程、果实产量及品质的形成等都有不可替代的作用。充足的氮是细胞分裂的必要条件，氮素供应的充足与否直接关系到器官分化、形成以及树体结构的形成。果树在早春从萌芽到新梢加速生长期为果树大量需氮期，此期氮素的稳定足量供应是根、枝、叶、花、果实充分发育的物质基础。氮为叶绿体的重要组分，氮的增加有利于叶绿素的合成，从而有利于光合作用及碳水化合物的合成。氮能促进营养生长，延迟衰老，提高光合效能，增进果实品质和提高产量。氮与树体内其他组分密切相关，增加氮用量可提高叶片内氮的含量，随氮增加锰及镁的量也相应增加，而磷、钾则降低，施氮也能增加果实中氮的量及降低磷、钾的量。果实及树体内氨基酸也随氮的施用而增加。氮的施用还导致果实中钙的含量降低，并进而诱发生理失调。

健康的猕猴桃新叶片含氮量为2.2％～2.8％，当含量下降至1.5％时，叶片从深绿变为淡绿，甚至完全转为黄色，但叶脉仍保持绿色，老叶顶端叶缘为橙褐色日灼状，并沿叶脉向基部扩展，坏死组织部分微向上卷曲，果实不能充分发育，达不到商品要求的标准，缺氮多发生在管理比较粗放的猕猴桃园，定植时要施用充足的基肥，在生长季节要用尿素或人粪尿进行追肥，确定施用要考虑到间作物的需要。

（二）磷

磷能促进花芽分化、果实发育种子成熟以及增进品质，还能提高根系的吸收能力，促进新根的发生和生长；提高果树的抗旱、抗寒能力。健康植株叶片磷含量为0.18%～0.22%，低于0.12%时出现缺磷症状，老叶出现叶脉失绿，并从顶端向基部扩展，叶片上逐渐呈红葡萄酒色，叶缘更为明显，背面的主、侧脉红色，向基部逐渐变深。在用过磷酸钙和施有机肥较多的猕猴桃园，缺磷现象较少见。

（三）钾

适量钾素可促进果实肥大和成熟，促进糖的转化和运输，提高果实品质和耐贮性；并可促进加粗生长和组织成熟，增强树体的抗逆性。

缺钾是一种发生较普遍的养分失调现象，许多情况下，缺钾引起的叶部症状被误认为是由于干旱或风害引起的。通常猕猴桃含钾1.8%～2.5%，若下降至1.5%以下会呈现缺钾症状。缺钾的最初症状是萌芽时长势差、叶片小，随着缺钾加重，叶片边缘向上卷起，尤其在高温季节的白天比较突出，到了晚间又消失。进一步发展时叶片长时间上卷，支脉间的叶肉组织向上隆起，叶片从边缘开始褪绿，褪绿由叶脉间的叶肉组织向上隆起，叶片从边缘开始褪色，叶片呈焦枯状，直至破碎、脱落；果实数量和大小都受到影响而减产。缺钾现象主要是由于施用的钾肥不足，在生产上应该重视钾肥的应用，由于猕猴桃生长也需要较多的氯，因此施用氯化钾较好。

（四）钙

钙的细胞壁构成中起重要作用，与细胞膜的稳定性和渗透性密切相关，适宜的含钙量可延迟果实衰老，提高果实硬度，增加耐贮性。

缺钙时，在新成熟叶的基部叶脉颜色暗淡、坏死，逐渐形成坏死组织斑块，然后质脆干枯、落叶，枝梢死亡，严重时影响根系发育，造成根尖死亡，根尖附近也会产生大面积坏死组织。一般健康植株的叶片含钙 3%～3.5%，低于 0.2% 时就会出现上述症状。土壤中施入过磷酸钙、硝酸钙等可防止缺钙症的发生。

（五）镁

镁能调节植物的光合作用和呼吸作用，适量的镁可促进果实肥大，增进品质。

缺镁现象在猕猴桃果园比较常见，主要发生在生长的中、晚期。其症状是在当年生成熟叶上，出现叶脉间或叶缘淡黄绿色，但叶片基部柄处仍保持绿色，健康叶的镁含量为 0.3%～0.4%，新形成的叶片在 0.1% 以下就出现缺镁症状，严重时失绿，组织坏死，坏死组织与叶脉平行，呈马蹄形。

三、微量元素的生理作用

适量的锰元素能保证猕猴桃各生理过程正常进行，可提高维生素 C 的含量。猕猴桃在生长中期，当营养枝上成熟叶片干物质含锰量低于 30 毫克/千克时表现出缺锰症状，此时新成熟叶片边缘失绿，进而侧脉至主脉附近失绿，小叶脉间组织向上隆起，并有光泽，最后仅叶脉保持绿色。缺锰常见于 pH 大于 6.8 的土壤或石灰过多的土壤。施用研细的碘黄、硫酸铝或硫酸铵，可使土壤释放出猕猴桃原来无法利用的锰。锰过量也是猕猴桃生产上较常见的，其中毒症状是沿老叶主脉集中出现有规则的小黑点，这一特点区别于其他养分失调现象。锰中毒多发生在酸性土壤或排水性很差的果园，可以通过施用石灰来提高土壤 pH，以减少可溶性锰或改善果园的排水系统来矫正锰中毒现象。

铁元素参与植物的基本代谢，在蛋白质的合成、叶绿素的形成、光合作用等生理化过程中起重要作用。在我国很多地区，主要是在土壤石灰量较多、酸碱度（pH）大于 7 的猕猴桃园，已经发现缺铁症状，其表现是：幼叶叶脉间失绿，逐渐变成淡黄色和黄白色，有的整个叶片、枝梢和老叶的叶基都会失绿，叶片变薄，容易脱落，果小而硬，果皮粗糙。叶面喷施 0.5％ 的硫酸铁铵可使叶片转绿。铁过量时也会发生中毒症状。铁中毒症状的主要表现在成熟叶片边缘，褪绿变成黄绿色至黄褐色，严重时叶缘变成褐色，出现坏死组织区，且叶缘稍卷起以致叶片脱落。铁中毒症状多出现在含铁矿石成分高或用含铁量较高的水灌溉的果园。

　　锌是某些酶的组成成分，还与生长素的合成有关，因此是果树的重要营养元素之一。沙地、偏碱地以及瘠薄的山地猕猴桃园容易出现缺锌现象；土壤中磷素多、施磷肥过早，会影响猕猴桃对锌的吸收，也会表现出缺锌症状。缺锌时新梢会出现小叶症状，老叶脉间失绿，开始从叶缘扩大到叶脉之间，叶片未见坏死组织，但侧根的发育受到影响，健康叶片干物质含锌量 15～28 毫克/千克，在 12 毫克/千克以下时，出现外观症状。每千克硫酸锌用 100 升水稀释喷洒叶片可消除缺锌症。此外，当猕猴桃叶片铜元素含量低于 3 毫克/千克干物质时，出现受害症状：开始未成熟幼叶叶片失绿，随后发展为漂白色，结果枝生长点死亡，出现落叶，每公顷施用 25 千克硫酸铜可加以调整。猕猴桃有时还会出现钠中毒。据分析，用含钠量较高的井水灌溉，在猕猴桃叶片钠含量大于 0.12％ 时，植株明显矮小，叶片呈蓝绿色。

　　硼能促进花芽分化和花粉管生长，对子房发育也有影响；适量的硼能提高维生素的和糖的含量，增进品质；还能促进根系发育，增强吸收能力。新成熟叶片干物质中硼的正常含量为 40～50 毫克/千克，如果低于 20 毫克/千克，幼叶的中心就会出现不规则黄色，随后在主、侧脉两边连接成大片黄色，未成熟的幼叶扭曲、畸形，枝蔓生长受到严重影响。在沙土、沙砾土地发生较多。缺硼时可以用 0.1％的硼砂进行叶面喷洒。猕猴桃叶片干物质中硼的含量超过 100 毫克/千克时，又会出现硼中毒，症状为老叶脉间失绿，并扩大到幼叶，呈杯状卷曲，组织坏死，在风吹日晒下坏死组织呈银色，质脆易碎，呈撕破状。据国外研究，在每公顷施用量超过 2 千克硼肥或灌溉水中每升含量达 0.8 毫克时就会出现硼中毒。

四、猕猴桃缺素症诊断及矫正技术

（一）猕猴桃缺氮症状及矫正技术

猕猴桃缺氮时生长明显衰弱，症状首先在老叶上出现，并逐渐向新叶扩展，直到整树。最初叶色由深绿变成淡绿，甚至完全变成黄色，但是即使缺氮严重的植株，叶脉仍保持绿色，老叶尤其如此，老叶边缘呈焦枯状，橙黄色焦枯首先从叶尖开始，沿叶缘向叶基扩展，坏死部分微向上卷曲，果实变小。健康新叶干物质含氮量为 2.2％～2.8％，通常当干物质含氮量降低至 1.5％时才开始出现缺氮症状。为避免缺氮，建园时及每年秋冬季节要施足基肥，生长季节要定期追施氮肥或人粪尿。

（二）猕猴桃缺磷症状及矫正技术

缺磷多发生在老叶，缺磷除树体生长减缓外，往往并不表现出明显的可见症状。当生长严重受阻时才出现明显的可见症状。老叶叶脉间呈灰绿状失绿，从叶尖向叶基扩展，叶背面的主脉和侧脉红色，叶基部更明显。健康叶背面的主脉和侧脉常为淡绿色，缺磷时，叶正面尤其是叶缘呈暗红色。健康叶干物质含磷量为 0.18％～0.22％，而田间症状一般在叶中干物质磷含量低于 0.12％时才出现。尽管果实所需磷量并不高，但各地土壤中含磷水平差异较大，在缺磷地区应注意补施磷肥，但必须注意，由于磷移动性小，而且极易被土壤固定而降低肥效。故磷肥必须与有机肥混匀后作基肥施入效果才好。

（三）猕猴桃缺钾症状及矫正技术

缺钾老叶上多发生，缺钾的第一个症状是萌芽时生长衰弱。缺钾严重时，叶小，暗黄绿色，老叶叶缘轻度失绿，向上卷曲，呈萎蔫状，白天中午症状明显，晚上症状消失，常被误认为是缺水所致。受害叶后期呈卷曲状，细脉间叶肉组织常向上隆起，最初叶缘褪为淡绿色，逐渐向脉间和侧脉扩展，在近主脉处和叶基部留一条带状绿色组织。褪绿组织很快变焦枯，由淡褐色变为深褐色，最后呈日灼状焦枯，叶片呈撕碎状，易脱落。虽然果实仍挂在树上不落，但果实数量和大小受到影响而严重减产。正常叶片干物质含钾量常在 1.8％以上，当叶片干物质含钾量低于 1.5％时才表现出症状。缺钾时，花腐病的发病率也比较高，可达 36％，而含钾量较高的树发病率仅为 16％。缺钾可通过施钾肥来校正，常用的钾肥有 3 种：硫酸钾、硝酸钾和氯化钾。以氯化钾最理想。因为氯化钾不但便宜，而且猕猴桃对氯的需求量也较高，这样既补施了钾，又满足了猕猴桃需较多氯的要求。如以每亩产量 1.67 吨计算，施钾量应为 16.67～20 千克，相当于每亩施氯化钾 33.33～40 千克。

（四）猕猴桃缺钙症状及矫正技术

缺钙症状多见于刚成熟的叶片上，并逐渐向幼叶扩展。初期叶基部的叶脉坏死变黑，慢慢地细脉也坏死。坏死组织扩大后形成斑块状坏死，坏死斑块干枯后，叶子变脆易落。枝梢生长点死亡，腋芽萌发后成丛生状，老叶边缘向上卷曲，叶肉坏死，被主侧脉附近褪绿的组织包围。缺钙影响根系发育，严重时，根端大面积死亡，且易感病。健康叶片干物质钙含量为 3.0％～3.5％。猕猴桃对缺钙反应不太敏感，当幼叶干物质中钙含量低于 0.2％

时才表现出症状。缺钙一般不普遍，尤其是常施用过磷酸钙的地区。

（五）猕猴桃缺镁症状及矫正技术

缺镁多发生于老叶。早期症状是叶肉呈淡黄绿色，叶缘褪绿明显，并向叶中心侧脉扩展，主侧脉两边有一较宽健康带状部分，有时叶缘颜色不变，褪绿和坏死常离叶缘一定距离发生，且坏死组织离叶缘一定距离与叶缘平行，呈马蹄形分布。病健部明显，幼叶不出现症状。健康叶片干物质中镁含量常大于 0.38%，而新成熟的缺镁叶片干物质中的镁含量仅为 0.10%。缺镁可施硫酸镁等来校正。镁施用量至少在每公顷 200 千克。

（六）猕猴桃缺锰症状及矫正技术

缺锰多见于新成熟叶上。脉间淡黄至黄色，严重时，所有叶片都可发生症状。叶缘失绿较早，然后向主侧脉扩展，仅在脉两边留一窄带状绿色部分，当进一步加重时，除叶脉外，整个叶肉都变黄。小脉隆起，受害叶光泽度增加。正常叶片干物质中锰含量为 50～150 微克。缺锰时，产量锐减，营养枝上新成熟叶片干物质中锰含量低于 30 微克时出现受害症状。施石灰过多和 pH 高于 6.8 的土壤易发生缺锰症。缺锰时，可施硫黄粉、硫酸铝和硫酸铵等化合物以降低酸碱度，提高锰的有效性。

（七）猕猴桃缺铁症状及矫正技术

缺铁多发生于幼叶。幼叶变黄甚至苍白色。老叶常保持绿色，缺铁较轻时，褪绿常在叶缘发生，而叶基部大部分不褪色。严重时，整叶变黄，仅叶脉绿色，最终叶脉也失绿、脱落，生长严重受阻。健康叶片干物质中铁含量为 80～100 微克/克，当干物质含量低于 60 微克/克时即出现缺铁症状。连续下雨后易出现缺铁症状，土壤 pH 超过 7 的地方也易缺铁。校正时可施用硫酸亚铁、硫黄粉、硫酸铝或硫酸铵等来降低土壤酸碱度，提高有效性铁的浓度，达到防治缺铁的目的。

（八）猕猴桃缺锌症状及矫正技术

缺锌多见于老叶，发生于生长中期。锌在树体内移动性小，极易缺乏，使旺盛生长的幼嫩部分受阻，出现"小叶症"。老叶脉间呈黄色，而叶脉仍为深绿色，失绿变黄的叶肉和深绿色的叶脉十分明显。叶缘失绿一般较重，但并不坏死，严重时，侧根发育不良。正常叶片干物质中锌含量为 15～28 微克/克，当干物质中锌含量低于 12 微克/克时表现出缺锌症状。施磷过多，使锌的有效性降低，亦可导致缺锌。缺锌时，可在早春萌芽前土施硫酸锌，每亩施用 1.33 千克，或叶面喷施 1%～2% 的硫酸锌。

（九）猕猴桃缺铜症状及矫正技术

缺铜多见于幼叶。最初表现是幼叶呈均匀一致的淡绿色，之后叶脉间失绿加重，仅主脉绿色，甚至叶片呈漂白色。健康叶片干物质中铜含量为 10 微克/克，低于 3 微克/克时出现症状。缺铜时，施硫酸铜最有效，每公顷施用 25 千克，萌芽前施入。应避免叶面喷施，因猕猴桃叶片对铜离子特别敏感，尤其是早期。

（十）猕猴桃缺硼症状及矫正技术

缺硼多发生于幼叶，近中央呈不规则黄斑，斑点沿主侧脉两边扩展并加密呈黄色斑块，叶缘正常，顶部未成熟的叶片变厚、扭曲变形，小脉间的叶肉组织向上隆起，严重时，节间变短，枝梢伸长受阻，植株矮小。正常情况下，叶片干物质中硼含量为 40～50 微克/克，当新成熟的叶片干物质中硼含量低于 20 微克/克时才表现出缺硼症状。缺硼常见于轻沙壤土和有机质低的土壤，喷施时硼浓度一般不要超过 0.3%。

第九章

猕猴桃采收与贮藏保鲜技术

一、采收期的确定

猕猴桃果实发育分为细胞分裂期、果实膨大期、果实成熟期和衰老期 4 个阶段,其中果实成熟期可细分成硬熟期和软熟期两个阶段。猕猴桃达到硬熟期即可采收。不同猕猴桃品种的果实生育期差别较大,其成熟期分布可从 8 月开始至 11 月上中旬结束。同一个品种的成熟期受到气候及栽培措施等影响,不同年份之间差别可达 3~4 周。由于猕猴桃果实成熟时外观不发生明显的颜色变化,一般又不能即采即食,故而较难确定其适宜的采收期。过早采收,果实内的营养物质积累不够,导致果实品质下降;采收过晚,果实过度成熟致使很快软化,进而衰老变质,晚熟品种则有可能遭遇低温或霜冻的危害。因此,适时采收显得十分重要。

猕猴桃果实接近成熟时,内部会发生一系列变化,其中包括果肉硬度降低等,但最显著的是淀粉积累结束且开始分解为糖分的变化。因而采收适期通常以果实可溶性固形物含量作为判定标准。例如,在我国及日本、美国等国,绿肉品种的采收指标一般为 6%~7%,而黄肉品种采收的最佳可溶性固形物含量为9%~10%。在新西兰,绿肉品种的最低采收指标为可溶性固形物含量达到 6.5%,其中海沃德以可溶性固形物含量达 6.2%作为最低采收指标，而以 7%～9% 为最佳采收期。测定可溶性固形物含量时，在园内（除边行外）有代表性的区域随机选取至少 5 株树，从高 1.5～2.0 米的树冠内随机采取至少 10 个果实，在距果实两端 1.5～2.0 厘米处分别切下。由切下的两端果肉中各挤出等量的汁液到手持折光仪上读数（手持折光仪应在使用前用蒸馏水调整到刻度 0），果实的平均可溶性固形物含量达到要求时方可开始采收。

由于果实采收期直接影响到其采后的贮藏性和食用品质，故而不少学者认为可从果实发育期、果实硬度、可溶性固形物含量等几个方面综合考虑果实适宜的采收期。有人提出，当果实可溶性固形物含量的范围为 8%～8.5%、果实硬度为 8.5～9.5 千克/厘米^2 时为猕猴桃最佳采收时期。也有人发现，海沃德于花后 158 天采收的果实好果率只有 25%，而花后 176 天采收的果实好果率可达 80%。黄肉品种果肉色度角降低至 103°或以下时采收，此时果肉硬度 4～5 千克/厘米^2，干物质达 18%～20%，可溶性固形物含量大于 10%。

二、采收方法

果实达到生理成熟度时，果梗与果实基部连接处已开始形成离层，故而采收时用手握果，并用大拇指顺势轻轻向前一推果梗，果则极易被采下，而留下果梗于果枝上（冬剪时务必除去）。果实采收应注意以下事项：①为了保证果实采收后的质量及安全无公害，采收前 20～25 天果园内不能喷洒农药、化肥或其他化学制剂，也不再灌水。②选择晴天或多云天气采收，不能在雨后或有晨露及晴天的中午和午后采果。③果实采收时，采果人员应剪短指甲，戴软质手套采摘，以避免采果时造成果实机械损伤。④采果用的木箱、果筐等应铺有柔软的铺垫，如草秸、粗纸等，使果实不被撞伤。⑤采果要分级分批进行，先采生长正常的商品果，再采生长正常的小果，对伤果、病虫危害果、日灼果等应分开采收，不要与商品果混淆，先采外部果，后采内部果。⑥采后经预贮愈伤后，尽可能在 24 小时内入库，最长不超过 48 小时。⑦整个操作过程必须轻拿、轻放、轻装、轻卸，以减少果实的刺伤、压伤、撞伤。采收时严格操作，以保证入库存放时间长，软化、烂果少。

三、采后处理

猕猴桃采后需经过一系列采后商品化处理措施，使其完成从农产品到商品的转化，最终走向市场，实现商品价值。

（一）预贮愈伤

预贮愈伤是猕猴桃采后重要的预处理环节。多数猕猴桃采收于湿热天气，采后果实含水量较高，不仅易在贮运中发生机械损伤，而且其旺盛的呼吸作用和蒸腾作用会诱发微生物的生长繁殖，进而导致果实的大量腐烂。因此，采后果实最好经过预贮愈伤后再包装入库或运输。所谓愈伤，是指创建适宜环境条件以促进果实采收过程中所产生微伤口的愈合，从而减少病菌感染率，降低果实贮藏和流通中的腐烂变质。如采后果实在入库前先置于常温荫棚或 20℃控温库愈伤 24 小时，这样保证猕猴桃商品价值少受损失。

（二）预分选

果实采后均需经过严格的清理和挑选，其目的一是清洁果面，剔除不符合商品要求的果实，如残次果、畸形果、病虫果和受伤果等；二是基于质量分级进行果实成熟度的确定。质量分级通常采用近红外无损伤检测仪，检测果实可溶性固形物含量、果肉硬度、果肉颜色及瑕疵等参数，而后通过综合确定其成熟度。

符合贮藏的果实装箱并送至冷库或气调库进行贮藏，而熟度高、不易贮藏的果实可直接包装销售。通过各种输送系统将预分选线和包装线联结在一起，即形成了一套完整的采后处理流程。

（三）分级包装

在预分选基础上，根据重量和外观进行分级。重量分级分为人工分级和机械化分级两种，规模化生产一般选择后者来分级。人工分级不仅效率低，而且在分级过程中果实易被损伤。机械化分级是分级机自动依据预设重量与被选果品重量进行分级，具有省人工、效率高和易控制等优点，通常与贴标和包装等构成一个自动化系统。外观分级主要用于虽被预分选剔除但有一定商品价值果实的分级，即按其畸形度、疤痕轻重和表皮颜色差异等缺陷程度进行人工分级。基于成熟度、外观和果重等制定分级标准。上市时间的迟早决定于成熟度，而等级划分主要取决于果实外观和大小。包装须依据果重分为若干级别，然后分别按等级转入包装盒内。每盒重量和果数因品种而不尽相同。

包装主要分为贮藏包装和销售包装。塑料周转箱或木箱适用于中长期贮藏，因这种包装符合贮藏码垛的需求，销售包装则可直接用于猕猴桃的鲜销。对于包装容器的基本要求，一是有益于保护果品质量并减少损耗；二是便于流通，尽量能降低运送费用；三是避免倒箱并减少包装材料成本。

（四）入贮

冷库降温前用高效冷库消毒剂对库房进行杀菌消毒。对入贮的果实务必进行预冷，建议采用强风预冷方法，使果温尽快降至预定温度，而后再转入冷库或气调库进行贮藏保鲜。

（五）催熟

猕猴桃果实要经过后熟才能食用。其果实催熟方法有自然催熟和强制催熟两种。自然催熟是将收获后的猕猴桃放入装有木屑或米糠的木箱中，用聚乙烯薄膜封口后置于 15～20℃的温度条件下，催熟速度因温度升高而加快。对于冷藏后出库的果实，在室温下催熟时，其贮藏期与催熟时间成反比。强制催熟是将采收或出库后的果实置于密闭的库内，根据不同品种调节乙烯浓度，并在一定温度和湿度条件下进行处理。一般采用乙烯利浸果，而后置于 15～20℃的温度条件下，可加快后熟，且具有果实成熟度一致的优点。催熟时间因品种、乙烯利浓度及其浸果时间等而有差异，如品种海沃德，在室温下用 1 000 毫克/升乙烯利浸果 2 分钟，2 周后即可上市。另外，将猕猴桃果实与其他能产生乙烯的水果（香蕉、苹果等）混放，也可达到催熟的目的。

四、果实贮藏保鲜技术

（一）低温贮藏

低温贮藏是目前国内外应用最为广泛的果蔬保鲜方法，我国有将近 1/3 的水果采用低温贮藏。低温贮藏可减弱果实生理代谢活性，抑制果实酶活性，降低呼吸强度，减少乙烯释放量，果实衰老软化进程延迟，还可抑制病菌的繁殖，有效地延长猕猴桃果实贮藏保鲜时间。在低温冷藏条件下，中华猕猴桃系列的贮藏期可达 60～90 天，品种秦美可达 90～120 天，海沃德可达 180 天。低温贮藏能够显著抑制猕猴桃果实乙烯释放量，减缓果实硬度、可滴定酸含量、维生素 C 含量、淀粉含量的下降与可溶性固形物含量的上升，延缓果实后熟衰老进程。

冷库保鲜基本操作步骤：冷库准备→确定采收期→采前处理→采收→短途运输→预冷→挑选、分级、包装→入库堆垛→贮期管理→确定贮藏期限。

1. 冷库准备

（1）库体及设备安全检查 提前 1 个月对冷库库体的保温、

密封性能进行检查维护，对电路、水路和制冷设备进行维修保养，对库间使用的周转箱、包装物、装卸设备进行检修。

（2）消毒灭菌 果品入库前冷库要进行消毒灭菌，特别是前一年贮藏过其他果品蔬菜的冷库，一定要提前一周消毒灭菌，可用1%～2%甲醛水溶液喷洒冷库，按甲醛：高锰酸钾＝5：1的比例配制成溶剂，以5克/米³的用量熏蒸冷库24～48小时；用0.5%～1.0%漂白粉水溶液喷洒冷库或用10%石灰水中加入1%～2%的硫酸铜配制成溶液刷冷库墙壁，晾干备用；用10克/米³的硫黄粉点燃熏蒸或用5%仲丁胺按5毫升/米³熏蒸冷库24～48小时；用0.5%漂白粉水溶液或0.5%硫酸铜水溶液刷洗果筐、放果架、彩条布等冷库用具，晒干后备用。刷墙后再熏蒸，灭菌效果更好。熏蒸后的冷库，气味排完后方可贮果。

果品入库后可用二氧化氯消毒液原液活化后，盛到容器中，均匀放置4～6个点，让其自然挥发进行库间灭菌，或用噻苯咪唑、腐霉利烟雾剂熏蒸，也可用臭氧发生器产生臭氧（O_3）进行库间灭菌。

（3）提前降温 产品入库前2天冷库预先降温，到果品入库时库温降至果品贮藏要求的温度。

（4）人员培训 对冷库管理人员进行技术培训，熟练掌握贮藏技术规程和制冷机械操作保养技术。

2. **预冷** 预冷入库时要严格遵守冷库管理制度，入库的包装干净卫生，入库人员禁止酒后入库或带异味物入库。选择的入库品种最好单品单库，分级堆放预冷。

采收的猕猴桃立即运入冷库，在0℃库间预冷，高温天气采收的猕猴桃没有充足的预冷间可在荫棚下散去大量田间热入库。

果筐入库后松散堆放，在0～1℃库间预冷2～3天，待果实温度接近库存温度后包装、码垛。每天入库量不得超过库容的20%。预冷时库间蒸发器冷风直吹的果箱上不一定要做透气性覆盖处理。采满立即运回预冷，地头堆放不得超过5小时，从采收到入库不得超过 12 小时，转运时防止装载不实严重振荡。

3. 入库堆垛　果箱分级分批堆放整齐，留开风道，底部垫板高度 10～15 厘米，果箱堆垛距侧墙 10～15 厘米，距库顶 80 厘米。果箱堆垛要有足够的强度，并且箱和箱上下能够镶套稳定。箱和箱紧靠成垛，垛宽不超过 2 米，果垛距冷风机不小于 1.5 米，垛与垛之间距离大于 30 厘米；库内装运通道 1.0～1.2 米；主风道宽 30～40 厘米，小风道宽 5～10 厘米。

4. 贮期管理

(1) 贮藏温度管理　（0±0.5）℃，用经过校正的温度计多点放置观察温度（不少于 3 个点），取其平均值。猕猴桃在冷藏 6 周后，硬度降低很快，为 1.5～3 千克/厘米^2，此后软化速度放慢。经 16～20 周贮藏，果肉硬度已达到出口的平均硬度 1 千克/厘米^2。在没有乙烯气体的情况下，猕猴桃的呼吸作用、成熟、失水和衰变均与温度增加有关，如果贮藏在 2℃ 条件下，贮藏寿命较在 0℃ 条件下减少 1～2 个月。而在 0～5℃ 条件下，呼吸热增加，贮藏寿命减少一半。为防止冰冻，要避免库内出现 −0.5℃ 的温度，但有时也偶有短时出现 −1.8℃ 和 −2.1℃，果实未受冻害，这可能与贮藏果实的含糖量增加有一定的关系。

(2) 贮藏湿度　相对湿度 95％ 以上，可采用毛发湿度计或感官测定，感官测定可参考观察在冷库内浸过水的麻袋，3 天内不干，表示冷库内相对湿度基本保证在 95％ 以上，湿度不足时，立即采用冷库内洒水、机械喷雾、挂湿草帘等方法增加湿度。

(3) 通风换气　通过通风换气使贮藏环境中的乙烯脱至阈值以下。一般冷库 1 周换气 1 次；当袋内氧气（O_2）<2％，二氧化碳（CO_2）>6％ 时要及时换气，打开塑料袋口放气，开动排风扇，打开排风口换气，夜间或清晨进行，雨天、雾天、中午高温时不宜换气。

(4) 品质检查　每月抽样调查 1 次（中华猕猴桃可半个月检查 1 次），发现有烂果时全面检查，烂果及时除去。

（5）设备调整　配备相应的发电机、蓄水池，保证供电供水系统正常，调整冷风机和送风机，将冷气均匀吹散到库间，使库内温度相对一致。保证库间密闭温度稳定，停机 2 小时库温上升不超过 0.5℃，减少库间温度变化幅度，防止果实表面结露，也不使果实发生冻害。

5. 确定贮藏期限

（1）贮后果实理化指标　平均果实硬度≥1.5 千克/厘米²，硬果率≥93％，商品果率≥96％。

（2）贮后果实感官标准　外观新鲜，色、香、味、形均好，果蒂鲜亮，不得变暗灰色。

（3）贮藏天数　机械冷库严格按照技术规程操作，秦美可贮藏 150 天左右，海沃德可贮藏 180 天左右。

6. 出库　将果实放在缓冲间或走廊上，待果温与外界温度之差小于 5℃，选在早晚天气凉爽时再出库。

（二）气调贮藏

气调贮藏是近几年迅速发展起来的保鲜技术，可以分为人工气调和自发气调两种方式。通过调节贮藏环境中氧气与二氧化碳的浓度来达到保持果蔬品质、延长果蔬贮藏保鲜期的目的。在 0℃ 条件下，气调库中二氧化碳的体积分数为 3％～5％，氧气的体积分数 0.7％～2％，猕猴桃贮藏到 180 天时，果实仍能保持较高的硬度与良好的外观品质。李文帅等采用复合保鲜纸箱包装对品种海沃德进行自然气调包装，研究发现自然气调包装能够显著减轻果实失水，延缓果实软化衰老。

猕猴桃气调贮藏条件为：二氧化碳 5％和氧气 2％，短期内二氧化碳升至 8％，氧含量降至 1％，对猕猴桃无任何伤害。乙烯会促进猕猴桃的软化和衰老，贮藏时要严格控制贮藏条件，保持果实的硬度，使乙烯不产生或少产生；同时要及时清除贮藏环境中的乙烯，如通过通风换气或利用乙烯吸收剂等消除乙烯。此外，还要注意不要将猕猴桃与苹果、梨混贮在一库，因这些果品会释放大量乙烯。需要长期贮藏的果实须无虫害、无污染，在贮藏过程中要及时处理感染病菌或腐烂变质的果实；要及时清理库内杂物，排出有害气体。

（三）提高贮藏效果的方法

1. 热处理　热处理是以适宜温度（一般在 35～50℃）处理采后果蔬，以杀死或抑制病原菌，改变酶活性，从而达到贮藏保鲜效果的一种物理保鲜技术，具有安全、无污染、低成本、易操作等优点。猕猴桃果实对热敏感，刘延娟等研究热处理对皖翠猕猴桃贮藏生理及品质的影响，结果表明，38℃热水处理 8 分钟可抑制猕猴桃果实的呼吸速率，保持较高的果实硬度、可滴定酸含量与维生素 C 含量。

2. 涂膜处理　涂膜处理主要是用糖类、蛋白质、多糖类蔗糖酯或由多糖、蛋白质和脂类组成的复合物等对果实表面涂膜，从而减少果实水分损失，阻止氧气进入，抑制果实呼吸速率、乙烯产生速率，从而延长果实贮运保鲜期。姚晓敏等研究表明，3％的壳聚糖涂膜剂处理猕猴桃果实，能够明显改善果实外观，保持较好的果实硬度。尉芹等用改性魔芋葡甘聚糖涂膜处理猕猴桃果实，能够在果实表面形成阻止外界氧气进入果实内部的透明半透膜，从而抑制果实呼吸强度，延缓果实后熟。

3. 钙处理　钙是植物细胞内部功能调节的第二信使系统，对组织衰老过程具有调节和延缓的作用。Gerasopoulos 等在猕猴桃果实采前用 1‰$CaCl_2$ 溶液喷布 4 次，研究结果表明，采前喷钙处理能够显著提高采后猕猴桃果实硬度与钙含量，延缓果实软化进程，使果实贮藏期延长 10～12 周。

4. 草酸处理　外源草酸具有较强的抗氧化性，将外源草酸应用于采后果蔬贮藏中，不仅能够延缓果实成熟衰老，还能显著提高果实的抵抗力，抑制采后果实抗病害能力。宋夏钦等研究表明，草酸处理能够显著改善采后猕猴桃果实的果肉着色，保持果肉中较高的维生素 C 含量、可溶性固形物含量、可溶性总糖含量等，延缓果实软化与后熟衰老进程。另外，草酸处理能够显著降低乙醇脱氢酶酶活性，控制乙醇的转化，有效抑制猕猴桃果实酒精味的产生。

5. 1 - MCP 处理贮藏　1 - MCP 作为一种新型乙烯受体抑制剂，通过与乙烯受体不可逆的结合，抑制与乙烯相关的一系列生理生化反应，延缓果蔬后熟衰老的进程。Boquete 等将采后海沃德猕猴桃果实在 0.5℃下贮藏 30 天后，用 1 - MCP 处理后贮藏于 20℃条件下，结果表明，1 - MCP 处理能够显著降低猕猴桃果实乙烯产生速率，推迟乙烯高峰的到来，减缓猕猴桃果肉细胞壁的分解和叶绿体的解体，保持较高的果实硬度与食用品质。

6. 二氧化氯（ClO_2）处理贮藏　二氧化氯是目前国际上公认的最新一代的广谱、高效、安全的杀菌保鲜剂，我国将稳定性的二氧化氯作为食品防腐剂列入食品添加剂使用标准中，目前二氧化氯在青椒、哈密瓜、苹果等果蔬保鲜中取得了良好的保鲜效果。牛瑞雪等研究了二氧化氯对秦美猕猴桃果实保鲜及贮藏品质的影响，结果发现 80 毫克/升的二氧化氯处理可延缓猕猴桃果实硬度的下降，降低乙烯的释放速率，保持较高的可溶性糖、可滴定酸和维生素 C 的含量，同时对贮藏后期的猕猴桃果实腐烂有显著的抑制作用。

第十章

猕猴桃病虫害综合防治技术

一、猕猴桃病虫害的种类及其特点

猕猴桃作为一种新兴的水果产业，在 20 世纪 90 年代初期，由于刚开始人工栽培，病虫害的种类很少，也不为人们所重视。近年来由于栽培面积、栽培区域的不断扩大，已发现的病虫害种类不断增加，直接影响到该产业的健康发展。据调查，猕猴桃病有包括真菌、细菌、病毒、类菌体、线虫、生理病害等病原引起的 30 多种病害，虫害有 60 种以上。主要病害有根部病害（如根腐病、根瘤病）、枝蔓病害（溃疡病、枝枯病）、叶片病害（黑斑病、褐斑病）、花果病害（软腐病、花腐病、灰霉病）、苗期病害（立枯病）、贮藏病害（软腐病、蒂腐病、灰霉病）、缺素症及气象因素引起的叶片黄化、卷叶皱缩、冻害、风害、湿害、干害、日灼等生理病害。主要虫害有椿象、东方新甲、介壳虫、叶蝉、卷叶蛾、透翅蛾、金龟子等。

猕猴桃病虫害的发生特点表现在区域性（如地理位置、土壤质地、小气候）、全局性（大气候影响）、选择性（植物器官如根部、枝蔓病害严重，果实虫害严重）、突发性（1995 年椿象大发生，1996 年东方新甲大发生，1997 和 2015 年冬季冻害，1999年褐斑病，2001 年和 2016 年春季冻害，1996 年冷藏猕猴桃灰霉病及 2010 年溃疡病大发生）。这些特点也说明了猕猴桃从野生到人工栽培其适应性的差异。

二、猕猴桃病虫害的防治原则和方法

（一）目前各猕猴桃产区病虫害防治存在的问题

主要表现在被动应付突发性病虫害为主，盲目用药，缺乏系统、主动的预防措施。就病防病，治表不治里，抓不住病虫害防治实质。病虫害防治的关键在于加强土壤及田间栽培管理，促进树势中庸偏旺，苗壮枝粗，提高抗病虫能力，减少病虫感染机会。

（二）猕猴桃病虫害的防治原则

对广大果农来说，已发现的猕猴桃病虫害达几十种之多，新的病虫害种类不断出现，但只要我们掌握了防治原则，就能从根本上杜绝病虫害的发生。现阶段猕猴桃病虫害的防治原则为"预防为主，综合防治"，针对重点病虫害进行重点防治。

（三）影响猕猴桃病虫害的主要因素及防治措施

1. **被害植株**　被病虫害侵染的猕猴桃植株，既是病虫的寄生体，又往往是病虫越冬休眠的场所和繁殖基地。因此，植株秋天落叶后，冬季修剪完毕，应及时打扫落叶、落果和树枝，集中烧毁并将草木灰施于植株下面，既消灭病虫，也作肥料，一举两得。对侵染性病株，修剪完后，要对修剪工具进行消毒，以防传染。

2. **种子**　种子常带有病菌、病毒和类菌体。育苗前应对种子进行消毒。目前猕猴桃所用的砧木大部分是各类野生猕猴桃种子，应注意尽量用同类猕猴桃的种子进行嫁接，如美味猕猴桃接美味砧木，中华猕猴桃接中华猕猴桃或美味砧木，这样能避免因亲和性、抗逆性差而引起生理性病害。如有条件，可以进行专用砧木的选择，并且进行营养繁殖。砧木专一化、商品化是猕猴桃产业健康发展的最终道路。

3. **土壤** 病虫本身和受害植株的残体都很容易落到地面混入土中，因而很多病虫害都是由土壤传播的，而且土壤质地、酸碱度（pH）、土壤肥力又是造成猕猴桃缺素症及其他生理病害的基础，也是影响猕猴桃正常生长发育的关键因素。因此，土壤管理是猕猴桃病虫害防治的根本。土壤管理措施跟不上，病虫害防得再好也只是治表不治里，不能根治。栽植猕猴桃的土壤一般要求肥沃疏松、通气良好、有机质多、微酸性（pH6.5～7.5）。目前猕猴桃主要栽培区土壤 pH8 左右，土壤质地或过黏或过沙化，加上多年来过分依赖化肥，造成土壤有机质含量十分贫乏。因此，土壤改良是防治根部病害及植株生理病害的根本方法。据我们调查，凡土壤肥沃、有机质含量高的猕猴桃园，溃疡病、枝枯病等疑难病害发生很少或没有。

4. **有机肥** 包括畜禽粪便及各种作物残体制成的堆肥，这是目前补充土壤肥力及有机质的主要物质。如不经发酵腐熟，病虫害仍能存活，是根瘤线虫、金龟子等病虫害的生存场所，因此有机肥应充分腐熟后施用。

5. **气象因素** 高湿有利于湿害和病害发生；干旱高温则易出现干害和日灼、生理性病害、虫害；大风易造成风害；晚霜易造成霜害；寒冷易造成冻害。

（四）猕猴桃病虫害的预防措施

1. **植物检疫** 品种引进、苗木调运是人为传播病虫害的重要途径。从国外或省外引种、调运苗木要防止将检疫对象引入；对省内局部发生的毁灭性病虫害（如溃疡病），如果是检疫对象就要及时控制并全部消灭。对果农来说，繁殖苗木采穗时要选择管理水平高的猕猴桃园，从无病虫害、生长健壮、长势良好的植株上采，对重点病虫危害区的苗木要慎用。提倡自繁自用，避免人为传播病虫害。对专业育苗户要从严要求，确保苗木质量。

2. **预测阶段**　对一些与气候相关的流行性病虫害，要及时总结其发生规律，根据年度气候预报，提前准备，指导防治。

3. **栽培预防**　集中处理残枝、落叶、落果，清除杂草，使用腐熟有机肥、深翻土壤及对土壤杀虫杀菌等，减少病虫害传播的载体。

（五）猕猴桃病虫害的综合防治

1. **农业防治**　针对当地已出现的严重病虫害，应选择抗性品种、无病虫苗木，避免连作，加强猕猴桃田间管理，包括土壤管理、肥水管理、整形修剪（尤其是夏季修剪）、人工授粉、疏花疏果、果实膨大及着色管理、果实套袋、新梢和叶片管理等。

2. **生物防治**　利用某些生物或其代谢产物控制病虫害的发生，在其他果树上已广泛应用，如利用天敌益虫、中草药制剂、昆虫生长调节剂（灭幼脲3号）、微生物制剂（Bt）。这是提高猕猴桃商品性能和国际市场竞争力，生产绿色果品的主要途径和发展方向。

3. **化学防治**　针对本地区病虫害的种类，采用相应的杀菌剂、杀虫剂和除草剂进行预防，保护或直接杀灭害虫。

三、猕猴桃细菌性溃疡病综合防治技术

猕猴桃溃疡病是一种毁灭性细菌病害，主要危害树干、枝蔓、叶片和花蕾，严重时造成植株、枝干枯死。该病害广泛分布于我国陕西、四川、湖南、浙江、江西、湖北、河南、安徽和重庆等猕猴桃产区。浙江省是中国猕猴桃主产区之一，调研结果显示，对于红阳猕猴桃等主栽品种，溃疡病病株率普遍达到20%以上，严重果园达60%～70%，最高的达100%，出现了砍树毁园现象。该病害的发生具有广泛性、暴发性、毁灭性和防治难等

特点，严重地威胁着猕猴桃生产和发展。猕猴桃溃疡病已被列为中国森林植物检疫性病害，成为当前制约猕猴桃产业健康可持续发展的瓶颈问题。本文在实践的基础上提出了一套综合防控猕猴桃溃疡病的策略，为浙江省及长江流域地区有效防治猕猴桃溃疡病提供了生产应用参考。

（一）浙江猕猴桃溃疡病发生特点、规律及其影响因子

猕猴桃细菌性溃疡病是由丁香假单胞杆菌猕猴桃致病变种（*Pseudomonas syringae* pv. *Actinidiae* Psa）引起的一种毁灭性猕猴桃病害。病菌在病蔓上或随病蔓、病叶在土壤中越冬，成为翌年的侵染源，借风雨、昆虫、嫁接工具等媒介传播，从植株伤口、虫孔、气孔、皮孔、芽基、落叶痕等孔口入侵，位于皮层与木质部之间，其隐蔽性给防治带来较大困难。

浙江省猕猴桃溃疡病常始发于 12 月下旬至翌年 1 月下旬，4～20℃均可发病，2～3 月发病最为严重，其中伤流期后病情逐渐缓慢，进行潜伏危害，5 月随气温升高而减轻。若遇局部冻害严重时，溃疡病随之加重，虫害或风害严重或修剪伤口过多则发病亦重。

品种是决定猕猴桃溃疡病发生的首要因素。栽培品种之间感病率有很大差异，软枣猕猴桃和毛花猕猴桃基本不感病，而中华猕猴桃比美味猕猴桃易感病，特别是红阳猕猴桃最易感病。由于猕猴桃溃疡病是一种低温、高湿性病害，故而低温冻害及多雨高湿极易诱发该病的发生和蔓延。冬季猕猴桃树体进入越冬休眠期，气温骤降或低温持续时间较长，树体易遭受冻害，使树势减弱，病菌侵入容易，从而导致病害发生。早春时节的低温（12～18℃）、多雨和高湿有利于猕猴桃溃疡病病原菌的快速繁殖，尤其在 2～3 月的低温与雨水的双重作用下，病斑处流脓剧烈，田间发病增多。此外，立地条件、管理水平及认识程度等皆可成为

诱发猕猴桃溃疡病的重要原因。果园地下水位高，土壤通透性差，排水不畅，造成部分树根被水浸泡时间过长，影响呼吸作用，引起树势减弱，从而致使发病严重；片面追求产量，超负载量挂果，盲目使用膨大剂，致使树势衰退而感病；对溃疡病认识不足，苗木种植前不检测，修剪嫁接工具不消毒，带病植株不销毁，病虫害防治技术不到位，使病原的传播与扩散得不到控制。

（二）猕猴桃溃疡病综合防控主要技术措施

基于猕猴桃溃疡病发生特点、规律及其影响因子，结合"预防为主，综合防治"的原则，提出了以良种良苗应用、设施避雨、高光效整形修剪、合理负载、平衡施肥、果园生草等农艺措施为主，以药剂防治为辅的猕猴桃溃疡病综合防控技术方案。

1. 农艺防治措施

（1）应用抗猕猴桃溃疡病的品种 应用抗猕猴桃溃疡病品种是最根本的有效方法。迄今为止尚未发现对猕猴桃溃疡病具有免疫能力的品种，故而选育抗猕猴桃溃疡病的新品种或新砧木显得尤为重要。由于不同猕猴桃品种感溃疡病程度存在差异，因此若单从抗溃疡病方面考虑，则可应用一些抗猕猴桃溃疡病的品种，如毛花猕猴桃类的华特、玉玲珑和超华特等，美味猕猴桃类的徐香、金魁和米良1号等，中华猕猴桃类的金喜和翠玉等。其中米良1号也可作为抗猕猴桃溃疡病砧木用于良苗繁育。

（2）确保苗木健康 选用健壮无病苗木种植，严防接穗、砧木带菌。用于繁苗的接穗一律采集于无病史的健壮树，以防嫁接传染。嫁接前宜对所采集的接穗用臭氧进行消毒（将接穗装入密闭的塑料袋内，通入臭氧气体30～60分钟）；嫁接使用的刀剪等工具在嫁接期间每使用1次需用75%酒精或过氧乙酸消毒处理1次，谨防工具传染；在嫁接口、剪口、伤口涂药保护树体。

（3）设施避雨栽培 中华猕猴桃类品种较适于设施避雨栽培，特别是对于红阳、楚红、脐红、黄金果、金桃、金丰和华优等溃疡病易感品种，设施避雨可显著减轻其溃疡病、日灼病的发生，并具有提高品质、增加产量等优点。设施栽培可选用单层薄膜拱形连栋温室，其单栋跨度8米，顶高不低于4.5米，也可在普通棚架或T形架上重新架设避雨棚，其棚顶离原有架面不少于1米。避雨覆盖膜最好采用0.08毫米的抗高温高强度膜，可连续使用两年。对于单层薄膜拱形连栋温室，可采用"先保温后避雨、伏旱季遮阴"的设施栽培模式，即早期（2月下旬）利用大棚的保温覆盖预防"倒春寒"，同时阻断早期溃疡病通过雨水传播途径。5月中旬猕猴桃坐果后除去裙膜，降低设施内温度，同时减小风速对猕猴桃造成的机械损伤。6月梅雨季利用顶棚进行避雨栽培减少病害传播，7月加盖50％黑色遮阳网减弱光强，降低温度，入秋后去掉遮阳网。果实收获后要适时揭膜，以改善土壤理化性状，防止产生土壤次生盐渍化。对于普通棚架（或T形架）经改造而成的避雨设施，除了难以保温之外，其他功能及操作基本相同。

（4）高光效整形修剪　选择高光效树形，即一干两蔓的"丫"字形。可采用以下两种方法进行整形：一种方法是保持主干直立向上，当其长至离棚面30厘米时摘心，以促其分枝，选两根方向相反、生长健壮的枝条分别作为第一和第二主蔓，形成一干两蔓的"丫"字形；另一种方法是让直立向上的主干生长直至高出棚面，然后在棚下离棚面30厘米左右处使其弯曲，以诱发该弯曲部位的副梢。所发生的一个副梢作为第二主蔓，而主干被弯曲的上端部分为第一主蔓。两主蔓在架上护养到位后，同侧每隔25～35厘米培养1个结果母枝，与主蔓垂直。在春秋两季猕猴桃溃疡病最宜发生的时间段，尽量少剪或不修剪，修剪伤口愈少愈好。冬季修剪愈早愈好，一落叶即可进行，并结束得愈早愈好。冬剪的主要任务是结果母枝的更新，控制结果部位外移，选留适当的枝量和冬芽数。结果母枝必须及时更新，每年对其的更新量控制在1/3左右。其更新枝经夏季修剪的选留和培养之后，在冬季修剪时即可将老结果母枝回缩到新选留的结果母枝处，以达到更新结果母枝的目的。对于其他结过果的结果枝和营养枝需疏剪和短截。对红阳等易感溃疡病品种，修剪时应少疏枝、多短截，多留预备枝。另外，有病枝与健康枝的修剪务必要分开，并做好修剪刀的灭菌处理。

夏季修剪的主要任务是更新枝和结果母枝的选留与培养，结果枝修剪，维持枝蔓的均匀分布，确保树冠的通风透光，缓解营养生长与生殖生长的矛盾。

(5) 控制产量、平衡施肥　在高光效整形修剪的基础上，基于树龄、树势确定适宜的果实负载量，以健壮树势，增强抗病性。中华猕猴桃每亩产量控制在 1 000～1 500 千克（70～130 克/果），美味猕猴桃每亩产量控制在 2 000～2 500 千克（80～150 克/果）。

需增施有机肥、微生物菌肥，配合施用腐殖酸肥及中微量元素肥，减少化肥用量。推行"斤*果斤肥"、平衡配方施肥。在通常情况下，氮、磷、钾配比：幼树期（4～8）：（2.8～6.4）：（3.2～7.2）；初果期（12～16）：（8.4～12.8）：（9.6～14.4）；盛果期 20：（14～16）：（16～18）。果实采收前后（9月下旬至10月中下旬）施入腐熟有机肥 3～5 吨/亩，加入全年施氮、磷肥的 60%，并加入适量生物菌肥、腐殖酸肥和多元矿物微肥。作为基肥宜早不易迟，红阳猕猴桃在收获后 2 个月内完成秋施基肥工作，而海沃德、金艳、黄金果等中晚熟品种在采后 1 个月左右完成秋施基肥工作，因为该时期正值猕猴桃根系在全年中的最后一次活跃期，早施基肥可显著提高树体贮藏营养水平，对提高抗病能力大有好处。花前追施全年氮肥量的 20%，果实膨大期追施全年氮、磷、钾量的 20%。全年视情况叶面喷肥 4～6 次。

---

*　斤为非法定计量单位，1斤＝500克。——编者注

（6）**宽行种植，行间生草，行内覆草** 宽行种植不仅通风透光，而且利于机械化作业和行间生草。栽植密度视品种、土壤质地、地势及架式而定。通常山地比平地密，土壤肥水条件差的比肥水条件好的密，弱势品种比强势品种密，篱架栽培比棚架栽培密。目前大都采用的株行距及每亩株数为 3 米×4 米（56 株）、4 米×4 米（41 株）、4 米×5 米（33 株）。为了提高初果期产量，可采用计划密植的方法，即在株间增加一株，等到影响生长结果时，间伐中间株。

猕猴桃园地宜推行行间生草、行内覆草的管理方法。生草可选用白三叶、百喜草和黑麦草等竞争力强的草种，在行间萌发并生长成坪后可有效地抑制多种杂草的生长，以达到"以草治草"的目的。播种时间为春秋两季，采取撒播或条播，播深 0.6～1.5 厘米即可。当高度长到 30 厘米左右时进行刈割，一年可刈割 2～4 次，刈割时留茬 10 厘米以上（黑麦草留 5 厘米以上），割下的草覆盖于树盘和行内以利保墒，且改善果园环境，提高土壤肥力。

2. 药剂防治 对猕猴桃溃疡病高发频发区域，药剂防治时宜实行防治药剂全程覆盖。其中秋季、休眠期和伤流期是药剂防治的关键时期。

冬剪后至萌芽前：树干枝蔓均匀喷布 4～5 波尔美度石硫合剂 1 次，喷施噻霉酮 500～600 倍液或代森铵 1～2 次。

早春发病期：每隔 2～3 天进行 1 次全园排查，1～2 年生的发病枝条一律剪除，剪口涂抹封口蜡；对于发病的大枝，及时刮除病部，并涂抹药剂保护治疗，涂药范围应大于病斑范围 2～3 倍。药剂选用施纳宁、噻菌铜、氢氧化铜等；若整株发病，且无法救治，要及时挖除并于园外烧毁。栽植穴可用硫酸铜消毒。

萌芽后至花前：可选用 1.5% 噻霉酮 600～800 倍液、可杀得 600～800 倍液、氢氧化铜 800 倍液或代森铵等杀菌剂防治，连喷 2～3 次。

5～6 月：对已控制的病斑及时去除病部翘皮，对全部病斑涂抹拂蓝克或防腐油，以促进病斑愈合。若发病严重，需去除病部并烧毁。

采果后到落叶前：及时对全树枝蔓喷药剂 1 次，防止溃疡病菌从果柄、叶柄痕向枝蔓内的侵入。可选用 1 000 万～1 500 万单位农用链霉素 1 000 倍液，0.15％梧宁霉素 800 倍液，1.5％噻霉酮 600～800 倍液，中生菌素 600 倍液等进行防治，每 10～15 天喷 1 次，连喷 3～4 次。药物应交替使用。

落叶后：对于以往猕猴桃溃疡病发生严重或当年秋季叶片病斑较多的果园，于落叶清园后，针对全园地面喷施 1 次 EM 菌剂或 0.15％梧宁霉素 800 倍液，以减少地面菌源。

冬剪后，即对全树枝蔓选喷 1 次叶枯唑、噻霉酮、噻菌铜等药剂，使剪口免受猕猴桃溃疡病菌侵染。

第十一章

灾害性天气对猕猴桃的
危害及防御对策

近年来，温室效应明显，全球气候变暖，灾害性天气频频发生，如 2013 年 7～8 月我国部分地区呈现持续高温干旱天气，2016 年的"世纪寒潮"及严重的"倒春寒"和近年来南方的暴雨洪灾，如此高频、严重的灾害性天气对猕猴桃等果树产业造成了极大的危害。本章主要阐述低温及"倒春寒"、高温干旱和洪涝等灾害性天气对猕猴桃的危害及防御对策。

一、低温及倒春寒对猕猴桃的危害及防御对策

20 世纪 80 年代以来，全球气候变暖，温室效应明显，但冻害危害并未减弱。气候变暖致使暖冬和暖春年份增多，使果树抗寒能力下降，且气候变化具有不稳定性，冷暖突变剧烈，极端气候事件增多，因此冻害风险依然不减，且影响愈来愈重，似乎验证了"气候变暖实际增加了植被霜冻害风险"的言论，如 2007 年春季发生在美国东部的霜冻害及 2016 年的"世纪寒潮"。国内一些学者对果树冻害进行了研究，分析了冻害对果树花期的影响及暖冬与冻害的关系，即果树花期越提前，遭遇"倒春寒"危害的可能性就越大。落叶果树正常落叶是生长季节结束进入休眠状态的标志。休眠期树体内部仍进行着微弱的生理代谢、呼吸活动，养分消耗少，对不良环境抵抗力强，休眠程度越深，其抗寒

力与越冬性越强。皮层和木质部进入休眠期较早，形成层最迟，如初冬遇到严寒低温，形成层最易受冻。一旦果树进入休眠后，则形成层的抗寒力，大于皮层、木质部和髓部。因此，深冬时冻害多发生在木质部。春季树体活动形成层早于木质部，且小枝早于大枝，顶花芽早于腋花芽，当早春温度剧变，形成层、小枝、顶花芽最易受冻。根颈部进入休眠最晚，解除休眠最早，最宜受冻。幼树进入休眠期晚，解除休眠也晚，抗冻害力低于成龄树。

（一）低温冻害的环境条件

猕猴桃植株易受低温冻害的几种情况：秋季多雨，寒流侵袭早；冬季低温持续时间长或天气晴朗干燥多风；冬季气温变化剧烈，日较差大；春季气温虽回升但变幅大容易使果树发生冻害。秋季寒流侵袭早及春季乍暖复寒果树受害重，低温之后温度急剧回升比缓慢回升受害更重。

（二）"倒春寒"的危害

"倒春寒"是指果树休眠期解除后所遭遇的冻害，主要表现为花期冻害或冷害，其与果树的发育期和极端最低气温密切相关。一般发生在 2 月下旬至 3 月，气温忽高忽低，冷暖交替。这对猕猴桃的生产非常不利。如猕猴桃当日最低气温≤2℃时，会发生低温冷害；≤0℃时，会发生低温冻害；≤−2℃时，会发生严重低温冻害。一方面，这个时期猕猴桃进入了花芽分化阶段，部分进入了展叶阶段，此时的"倒春寒"会冻芽、冻叶，导致树体即使结果也坐不住，有的坐住了也会出现畸形果，叶片长势弱、展不开，部分卷缩、干枯，导致树势衰弱。另一方面，猕猴桃的树皮较薄，在"倒春寒"来临时，热胀冷缩，树皮易开裂，形成伤口。"倒春寒"造成的伤口为溃疡病菌入侵提供了途径，伴随春季气温回暖，病菌繁殖，溃疡病菌加快侵染，往往引起溃疡病大面积暴发，造成严重经济损失。

（三）防御对策

1. 注重天气预报，做好预防准备工作 一是采取保暖措施。用杂草、秸秆、地膜等对树盘进行覆盖或给树干"穿衣"，即用秸秆、地膜、稻草等包裹住主干。根基培土，冬前用干燥疏松土壤将果树根茎部培土约 30 厘米。二是果园夜间熏烟。在低温到来前，在猕猴桃园内做好堆柴熏烟的准备。一般每亩可以堆放柴禾 6～7 堆。当夜间温度降至 0℃时，立即点燃，既可减少辐射降温，又可以增加果园的热量，达到预防"倒春寒"的作用。三是喷盐水。在低温冻害来临之前，可给树体喷 10％～15％的盐水，既可增加树体细胞浓度，降低冰点，又能增加空气湿度，水遇冷凝结放出潜热，可减轻树体冻害。

2. 预防果树低温冻害的栽培措施

（1）肥水管理 在果树生长期中，应注重有机肥的施用。生长前期追肥不能偏重氮肥，应配合磷、钾肥。生长后期应以磷钾肥为主，配合氮肥，使枝条发育充实，提高抗寒力。生长后期特别要避免追大肥浇大水，以免徒长，容易受冻或加重冻害。对处于萌芽至开花期的猕猴桃树，在冻害来临前，给树上喷施0.3％～0.5％的磷酸二氢钾水溶液，可以增加树体的抗寒性。

（2）推迟萌芽，避开"倒春寒" 一是浇水。易发生"倒春寒"的地方，应在猕猴桃萌芽前后浇水 1～2 次，可以降低地温，推迟萌芽和开花。二是涂白。初春用水 10 份、生石灰 3 份、石硫合剂原液 0.5 份、食盐 0.5 份、细菌性杀菌剂适量，均匀涂刷猕猴桃主干或给树冠上喷布 8％～10％的石灰白溶液，既能有效减少树体对太阳能的吸收，使树体温度回升缓慢，推迟萌芽和开花，又能起到杀虫灭卵的作用。三是喷植物生长调节剂。早春喷施 0.1％～0.3％的青鲜素或抽条剂 30 倍液，能有效地推迟开花和抑制萌芽。在果树萌芽前，用 0.25％～0.5％的萘乙酸钾盐溶液喷洒树枝，能抑制花芽萌动，提高抗寒能力。

（3）冻后高效管理 受到冻害，可采取以下急救措施：一是加强水肥管理，促使猕猴桃树体尽快恢复。及时补充营养，恢复树势，提高植株抗逆性，促进伤口愈合。叶面喷施 0.3％～0.6％的磷酸二氢钾、1.5％硫酸钾，或抗寒型喷施宝等植物生长调节剂。二是若萌芽前受害，可喷 0.005％的赤霉素，提高坐果率。三是加强猕猴桃的病虫防治，保护好叶片。四是适度修剪，对病枝及受冻枝条及时剪除。

二、高温干旱对猕猴桃的危害及防御对策

（一）高温干旱对猕猴桃的危害

猕猴桃原产温暖湿润、雨量充沛、阳光适宜地区（主要是山地），其叶片肥大，输导组织和气孔发达，蒸腾强烈，耗水量大，是一种既不耐旱又不耐高温的植物，极易受到干热危害。在高温环境下，由于强光暴晒，易造成叶片、枝干灼伤等直接伤害。在高温干旱强光的协作胁迫下根系、枝梢生长受到抑制。干旱造成的植株缺水及高温间接造成的大气干燥，易使叶片枯萎、卷曲甚至脱落，严重时导致树体衰弱，甚至死亡。植株的有效叶面积减少，导致光合作用减弱，树体的光合作用和呼吸作用的平衡关系遭到破坏，蒸腾加剧，促使老叶加速脱落。高温干旱导致光合作用减弱是猕猴桃减产的一个重要原因。其作用机理是使叶绿体超微结构损坏，叶绿素降解、含量降低，细胞膜透性增大，活性氧含量增加，还可降低光合酶 RuBP 羧化酶和碳酸酐酶等的活性，明显降低了植株的净光合速率，植株体内有机营养积累减少，生长衰弱，花芽分化不良，产量降低。果实膨大期如遇高温干旱，不利于有机物质的生产，可溶性固形物含量相应减少，维生素 C 含量降低，果实单果重降低，果个变小；果实成熟期如遇高温，水分含量降低，成熟期不一致，贮藏性变差。据观察，当最高气温超过 35℃并持续 5 天左右并无降水时，部分果实表面细胞及

皮下部分果肉细胞受到伤害，从而形成日灼果，重者则严重落果，落果率可达45％。果实脱落的原因是：果实受日灼后，部分细胞被灼死或灼伤，阻碍了养分和水分的输入，以致因营养不足与失水而脱落；高温胁迫使细胞膜透性增大，内源激素（乙烯和 ABA）失衡，从而加速了果实的脱落速度。

（二）防御对策

1. 选择耐热抗旱品种　夏季容易出现高温危害、水资源匮乏的地区，应当选择种植抗高温、耐旱品种。相对而言，中华猕猴桃表现出比美味猕猴桃更强的抗高温能力，主要是因为美味猕猴桃分布在海拔较高的地方，中华猕猴桃分布在海拔相对较低的山麓，随着海拔的升高，温度下降，中华猕猴桃长期生长在比美味猕猴桃温度较高的区域，表现出对高温较强的适应性。软毛品种（叶片小，叶、果和枝上茸毛短而少）较硬毛品种（叶片大，叶、果和枝上茸毛长而多，树体水分蒸腾量大）耐旱。品种间耐旱力有差异主要是因为不同品种的光合和蒸腾性能指标对水分胁迫的响应不同。抗旱性弱的品种在胁迫条件下的净光合速率、蒸腾速率、气孔导度均较低，且下降幅度大；抗旱性强的品种反之。

2. 及时灌水　在高温干旱季节应勤灌水，宜在早晚进行，灌水以穴灌或沟灌为好，每隔1～2天灌1次，切勿漫灌，特别是黏性、贫瘠的红（黄）壤园更应注意。果园附近如果没有稳定的水源，必须建蓄水池，用于抗旱灌溉。有条件的园区在建园时要加强喷灌、滴灌等灌溉措施建设，水源不充足且又容易发生高温干旱危害的地区要格外加强关键时段的水分管理，以弥补降水不足。

3. 覆草保墒　高温干旱期间进行覆草，是增强树体抗旱能力、节水栽培的有效措施。覆草应在高温干旱来临前进行（6月下旬），在树盘直径1.0～1.5米内盖1层厚15～20厘米的稻草、木屑、谷（麦）壳或芒草，铺草前，首先应松土、浇水1次。猕猴桃植株主干周围 5～10 厘米范围不覆草，以减少病虫害发生。果园覆草不仅可以减少水分蒸发、保持土壤湿润且疏松、稳定地温、保护根系的正常生长，而且还可以防止土壤板结以及杂草丛生，减少中耕次数，有效改善园地小气候。另外，覆盖的稻草、木屑、谷（麦）壳或芒草等腐烂分解成为有机肥料，可以增加土壤肥力，改善土壤团粒结构。

4. **果园生草** 果园生草是指果树行（株）间长期种植多年生豆科或禾本科牧草作为土壤覆盖的果园土壤管理措施。在我国南方地区，可选择的草种有绿豆、苜蓿、三叶草、百喜草、黑麦草、毛叶苕子等。当草生长过于旺盛或过高时可以进行刈割。果园生草既可以降低土温 2～5℃，减少水分蒸发，提高水分利用效率，还可降低土壤容重，增加土壤有机质含量和持水能力，防止水土流失。研究人员发现，在盛夏干旱期采取猕猴桃园行间、株间覆盖百喜草，发现地表最高温度行间百喜草覆盖比行间清耕低 18.8℃，株间百喜草覆盖比清耕低 11.5℃；根际最高土温也分别低 3.9、3.6℃；两者有效保持土壤水分的效果也较明显。选择猕猴桃果园生草的植物，应掌握以下几个原则：耐阴性强、个体矮小、与猕猴桃无拮抗作用；茎叶匍匐、地面覆盖率高；与猕猴桃水分、养分竞争小；与猕猴桃无共同病虫害；适应性强、具有利用价值。

5. **准确覆膜** 猕猴桃适度遮阴可减轻高温强光危害，提高叶片的光合速率，从而提高果实产量和品质，遮光率以 30%～40% 为宜。但是猕猴桃生长结果需要较强的光照，光照不足常导致叶片黄化、果实发育缓慢、风味品质劣化和花芽分化不良等问题。科研人员对品种海沃德进行遮阴，发现遮阴对果实的品质、翌年花量与产量均有显著的负面影响。因此，要根据品种的特性、天气状况，灵活、适度遮光。

6. **果实套袋** 平原、海拔 100 米以下、光照强烈又相对长的地方，中华猕猴桃多数品种几乎年年产生日灼果，严重时

80％～90％果实发生日灼。调查发现，98％以上的落果都是因日灼引起的。为避免果实高温灼伤可适时套袋。

7. 修剪疏果　成年树耐旱力较幼树强，因此对于幼树的管理要格外精心，幼苗可以适当摘心，并去除部分叶片，以减少蒸腾。成年树适当抹芽，枝蔓长到 40～50 厘米都应摘心。7～10 天抹芽、摘心 1 次，以利枝条充实、老化，减少水分蒸腾。严重干旱，水源不能保障时，为避免植株死亡，一是适当加大夏季修剪量，以减少树体水分蒸腾；二是大量疏掉果实，以减少其争夺养分和水分。

8. 其他措施　施用有机肥可提高抗旱，而施氮肥过多或只施用无机肥的则受旱害多且重。在叶面喷施抗蒸腾剂、土壤表面喷洒土壤保墒剂，可减少水分蒸发 30％～50％。冬季时结合施肥，进行扩穴深翻。有关调查发现，同一质地，未扩穴猕猴桃根系集中分布于 10～30 厘米的土层中；而扩穴后的根系集中分布于 20～60 厘米土层中，通过扩穴深翻，可促使根系深生，树体的抗旱能力亦增强。高温干旱时应实行全园免耕除草，保护地表蓄水机制，确保树体从地表摄取一定量的水分。还要注意害虫的防治，尤其是红蜘蛛等。

三、洪涝对猕猴桃的危害及防御对策

（一）洪涝危害及造成涝害的主要原因

在人工淹水模拟涝害条件下，红阳猕猴桃淹水 1～2 天，少量叶片开始萎蔫；到第三天时，大部分叶片开始卷曲下垂，下部叶片有部分脱落；第五天时，叶片已经枯萎，整株植株叶片大量脱落。在猕猴桃园遭受洪涝灾害 1 天以上，轻则部分叶片萎蔫、卷曲、枯萎、脱落，重则大部分或全部叶片萎蔫、卷曲、枯萎、脱落，直至整株死亡。

造成涝害的主要原因：一是土壤中的水分过剩而氧气不足，

致使根系呼吸困难，失去吸水吸肥功能。在缺氧条件下，根呼吸产生的中间产物如乙醇、微生物活动生成的有机酸（如乙酸）及还原性物质（如甲烷和硫化氢）等，均能对树体造成毒害。一段时间之后，由于树体光合作用不断下降，能量大大消耗，导致生长受阻直至死亡。二是猕猴桃园水分过多、积水时间过长，极易引发根腐病。该病为毁灭性真菌病害，能造成根系腐烂，严重时整株死亡。

（二）防御对策

1. **选用耐涝砧木**　选用较为耐涝的砧木嫁接猕猴桃品种，如近年来选育出的木天蓼、葛枣猕猴桃等作为砧木嫁接猕猴桃新品种，但同时也要考虑嫁接亲和力问题。

2. **建园选址科学，做好基础工程**　不宜在地下水位高、易积水的低洼地建果园。有条件的地区要建设水库、堤坝等水利工程减少洪涝，同时园地建设好合理的排灌系统。

3. **涝后管理**

（1）**及时排除积水，降低湿度**　浸水时间是影响涝害程度的决定性因素。退水后，园内低洼处仍有积水，则需开沟排水，以降低土壤和园内空气湿度。

（2）**浅翻松土，增强土壤通透性**　排水后数日及时松土散墒，把根颈周围的土壤扒开晾根，增大蒸发量，提高土壤通气性，促使根系尽快恢复吸收机能。扶树，清除树冠残留异物，必要时可用清水喷洗树冠。外露的根系要晾根后重新埋根入土，并培土覆盖。土壤浇施或微喷灌施1次翠康等促进发根液，促进根系恢复和生长。

（3）**加强栽培管理，施肥养树**　适时松土和根外追肥。水淹后，园地板结，造成根系缺氧。在脚踩表土不黏时，进行浅耕松土，促发新根。松土后，依树势、树龄、产量等适时追肥。

（4）**适度修剪**　重灾树修剪稍重，轻灾树轻剪。对灾后落叶的树及时修剪枯枝，回缩到健康枝段部位。全树剪去枯枝、病虫枝、纤弱枝，使树体通风透光。减少枝叶量，减弱蒸腾作用，保持地上部分和地下部分的生理平衡。

（5）病虫害防治　涝后易感溃疡病，诱发根腐病。可全园喷布 3～5 波美度石硫合剂清园 1 次，进行全园杀菌。若出现溃疡病，防治药剂可选用丁锐可、施纳宁、农用链霉素、噻菌铜、噻霉酮等喷雾，间隔 10～15 天喷 1 次，连喷 2～3 次。落叶后可加大喷施浓度，淋洗式喷雾，连喷 2 次。使用时间及使用倍数按照使用说明进行。若出现根腐病，则药剂灌根，可用 30％DT 胶悬剂 100 倍液按 0.3 千克/株或 50％退菌特 800 倍液，具体用量也可参考药剂说明。

参 考 文 献

韩礼星，等，2014. 猕猴桃标准化生产技术［M］. 北京：金盾出版社.

黄宏文，等，2013. 猕猴桃属分类资源驯化栽培［M］. 北京：科学出版社.

束怀瑞，1997. 果树栽培生理学［M］. 北京：中国农业出版社.

谢鸣，等，2004. 浙江省效益农业百科全书：猕猴桃［M］. 北京：中国农业科学技术出版社.

徐小彪，陈金印，黄国庆，2001. 盛夏干旱期猕猴桃园百喜草覆盖与敷盖的生态生理效应［J］. 江西农业大学学报，23（2）：209‑211.

耶兴元，马锋旺，王顺才，等，2004. 高温胁迫对猕猴桃幼苗叶片某些生理效应的影响［J］. 西北农林科技大学学报（自然科学版），32（12）：32‑37.

朱鸿云，等，2009. 猕猴桃［M］. 北京：中国林业出版社.

附录 1 南方猕猴桃周年管理历

物候期	时间	作业项目	技术操作要点
萌芽期	2月下旬至3月上旬	1. 追肥 2. 灌溉 3. 预防冻害 4. 病虫防治 5. 整理架面、绑蔓	1. 追肥以复合肥或果树专用肥为主，幼树株施0.2～0.3千克，结果树株施0.5～1千克，可条施、放射状施或全园撒施，未施采果肥的应加大用量。2. 施肥后应及时灌溉，无灌溉条件果园要进行松土保墒和树盘覆盖。3. 预防冻害，喷除冻剂、熏烟、萌芽前灌水等办法可减轻冻害。4. 全园喷布3～5波美度石硫合剂，清园1次，消灭越冬病虫害。对溃疡病病斑可用25%丙环唑乳油200～300倍液＋72%农用链霉素1 000万单位＋水质优化剂500倍混合液涂抹处理。5. 检查立柱和铁丝，将枝蔓均匀地分布在架面上并进行绑缚
树液流动期	3月中下旬	1. 病虫防治 2. 建园 3. 高接换种	1. 地面细致喷布1次40%毒死蜱乳油150～200倍液，配合适度中耕，将金龟子等地表越冬的害虫消灭在出土前；对小薪甲可选喷2.5%溴氰菊酯乳油2 000倍液，或20%甲氰菊酯2 000～3 000倍液、水质优化剂4 000倍混合液防治；对根腐病病树采用25%环丙唑3 000～4 000倍液＋氨基酸400倍液或黄腐酸营养剂500～600倍液＋生根剂混合液灌根防治。伤流初期检查溃疡病，对病树、病枝用20%叶枯唑800～1 000倍液＋渗透剂5毫升/15千克，喷1～2次，间隔7～10天。2. 建园。按株行距4米×3米或4米×4米挖坑70厘米见方，每穴施入腐熟有机肥30～40千克或猕猴桃专用肥0.25～0.5千克，与土混合，栽植后苗木根颈部露出地面5～10厘米处浇水，根颈部接近地表，注意高温季遮阴。目前推广的品种以海沃德、徐香等为主，也可搭配红阳等，雌雄株比例为8:1。3. 高接换种。需嫁接树在冬剪时选留5～8个嫁接母枝，其余枝条全部剪除，3月下旬至4月中旬高接换种，嫁接部位选择架面下15～20厘米的西北方向。1～3年生母枝采用单芽枝腹接，四年生以上母枝采用单芽枝皮下接（保持被接枝皮完整），被接枝较细时采用舌接或劈接。同期进行嫁接育苗

（续）

物候期	时间	作业项目	技术操作要点
萌芽展叶期	4月上中旬	1. 除萌抹芽 2. 病虫防治 3. 预防冻害	1. 疏除树干、砧木上的萌蘖，抹去双芽、3 芽，只留 1 健壮芽，注意抹除弱芽、过密芽和病虫芽。2. 发生根结线虫的果园，及时用 20%噻唑磷 2 000 倍液，或用毒死蜱 300 倍灌根防治 1 次。3. 预防局部地区的冻害，一是喷防冻剂；二是注意增施磷钾肥，增强树体抗逆性；三是早春全园灌水
新梢生长期	4月下旬至5月上旬	1. 追肥 2. 夏剪 3. 病虫防治 4. 行间生草 5. 田间管理	1. 依据树势叶面喷施有机钾肥 500 倍液＋0.1% 噻苯隆 300 倍液，预防霜冻，促进花蕾发育。树势衰弱时每株再追施尿素 1 千克。2. 当新梢长到 80 厘米左右时，视长势疏去直立的徒长性嫩梢，对结果枝在结果部位以上留 5～8 片叶摘心；营养枝长到 80 厘米时摘心处理，枝均匀分布率 30%，达到高光效。3. 开花前喷 1 次杀虫剂、杀菌剂混合液，杀虫剂选用乐斯本、苦参碱、Bt（苏云金杆菌）乳剂等，杀菌剂选用农抗 120、80%代森锰锌、多菌灵等，杀虫、菌剂任选 1～2 种。预防叶片黄化病，可选螯合铁肥灌根或叶面喷雾。4. 有条件的地区，实施果园行间生草，生草品种以红、白三叶草为宜，也可选用油菜等。5. 新栽幼树设支柱绑住新发细嫩新枝，防风折
开花期	5月中下旬	1. 授粉 2. 疏果 3. 修剪 4. 病虫防治	1. 授粉。雄株充足、花量大、花期相遇的果园，采取雄花与雌花对花授粉。花期不遇、雄株数量不足、花期气候不佳的果园必须采取人工授粉，雄花散粉前收集足量花粉，于雌株盛花期隔日采用人工或机械将花粉传到雌花柱头上，雌株花期宜授粉 3 次。2. 花后 7 天左右开始疏，疏除病虫果、畸形果、侧果，只留中心果，保留果形端正的优质果，留单果不留双果。长果枝每结果枝留 3～4 个，中果枝留 2～3 个，短果枝留 1～2 个，丛枝从基部疏除不留果。力争在 1 周内完成定果。3. 疏除无用枝条。细嫩枝长到 80 厘米摘心；花后 5 天开始疏剪，减少架面无用枝，保持果园通风透光。及时绑蔓，将枝条调整均匀固定在架面上。4. 花期禁止使用杀虫剂，人工捕杀金龟子等害虫，杀菌剂可选择 80%代森锰锌、农抗 120、丙森锌等预防花腐病、灰霉病等

（续）

物候期	时间	作业项目	技术操作要点
果实膨大期	6～8月	1. 夏剪 2. 套袋 3. 病虫防治 4. 追肥 5. 防治黄化病 6. 水分调节	1. 从5月中旬开始，比较弱的发育枝留2～3片叶摘心；长发育枝留7～9片叶摘心；徒长枝留2～3片叶摘心；注意及时对摘心后顶端1～2芽抽生的新梢反复进行摘心复壮。结果枝摘心，留为来年的结果母枝的，从着果第7～8叶以上摘心；不留为结果母枝的，从最前1个果留1～2片叶摘心，叶果比应保持在（6～8）：1。2. 果实套袋。6月上旬，落花后45～50天，对果实喷1次杀虫、杀菌剂＋钙肥后套袋，选套架面上发育端正、外观好的果实，下垂枝上的果实和次果可不套袋。果袋应选用木浆纸袋，规格12厘米×16厘米，底部有通气孔。3. 6～7月注意防治小薪甲、椿象和叶螨等害虫，药剂可选用功夫、Bt乳剂、乐斯本等。发生根腐病的果园，及时疏果合理负载，用25％丙环唑＋氨基酸或黄腐酸营养液灌根处理，配合适量生根剂效果更佳。7～8月，全园喷布1次杀菌剂，防治溃疡病、褐斑病等，可选用腈菌锰锌、农抗120等。4. 果实膨大期追施氮磷钾三元复合肥0.5～0.6千克/株或磷酸二铵0.3千克/株＋氯化钾0.5千克/株，撒施或放射施入，施后和土混合，深度30厘米左右。叶面可喷施黄腐酸或氨基酸、钙肥等混合液2～3次，间隔7～10天。5. 防治黄化病。选用植物营养液对水15～20千克，浇灌根盘下渗后覆土；叶面可喷布植物营养液。6. 水分调节。雨季或多雨季节，注意排水。干旱时，割绿草覆盖树盘；也可通过增施有机肥来增加土壤孔隙度，提高蓄水保墒能力；及时灌水，防叶片萎蔫。向阳部位的果实易日烧，用树叶或干草覆盖预防日灼

（续）

物候期	时间	作业项目	技术操作要点
果实成熟采收期	9月中下旬	1. 夏剪 2. 病虫防治 3. 清理果库 4. 采果、入库	1. 及时疏除徒长枝、病虫枝、细弱枝和过密枝等，打开光路，保持通风透光，提高树体光合效能；继续对生长枝摘心复壮，促其成熟。2. 采果后，果园立即选喷20%叶枯唑800～1 000倍液，并加入叶面肥（有机钾肥500倍液或磷酸二氢钾200倍液＋0.9%尿素），防止溃疡病菌入侵，延缓叶片衰老，提高光合作用。对小薪甲可选喷2.5%溴氰菊酯2 000倍液，或20%甲氰菊酯2 000～3 000倍液＋水质优化剂4 000倍液混合液喷雾防治。3. 对贮藏库进行消毒，100米³用1～1.5千克硫黄＋锯末熏蒸或用高锰酸钾水溶液全面喷洒消毒。4. 适时采收、入库。早熟品种红阳可溶性固形物含量达到7%、秋香6.5%即可采收，9月下旬至10月上旬，秦美可溶性固形物含量7%，海沃德、金香6.5%时即可采收。采摘时注意轻拿轻放，分级入库。入库前预冷24小时，温度逐渐降低，库温降到0～2℃时，将预冷果入库，按分级垛堆放，保持库温一致
采果后及落叶期	10月下旬至11月下旬	1. 秋剪 2. 秋施基肥 3. 病虫防治 4. 入库、检查 5. 建园	1. 继续疏除徒长枝、病虫枝、细弱枝和过密枝等，并对3、4次副梢及时摘心复壮，提高果树贮存营养。2. 依树势、树龄、产量等适时施肥，亩施有机肥3 000～5 000千克，配合施果树专用肥80～100千克或复合肥150千克，撒施、放射状施、环状沟施均可，以树体大小而定。施后深翻20～30厘米，以不伤大根为标准。3. 处理病斑，破除虫卵虫茧（如斑衣蜡蝉的卵块、黄刺蛾的虫茧等）。4. 入库要注意检查、清除烂果、伤果、病虫果，库温维持在0～1℃。以后定期抽查，发现问题及时处理。5. 幼苗停长至封冻前均可建园，宜早不宜迟，方法参照春季建园

（续）

物候期	时间	作业项目	技术操作要点
休眠期	12月下旬至2月上旬	1. 涂白 2. 冬灌 3. 冬季修剪 4. 沙藏接穗 5. 病虫防治	1. 刮除粗老翘皮，全园树干涂白。涂白剂配方：水10份、生石灰2份、食盐0.5份、固体石硫合剂1份或硫黄粉25克。2. 进行1次全面冬灌。3. 依树龄、密度等合理整形修剪，培养优质丰产稳产的树形。改多主干上架为单主干上架，每株沿行向以相反方向培养两个主蔓，主蔓上直接着生结果母枝。冬季修剪时，主蔓上间隔20～30厘米选留一健壮的发育枝或结果枝，在饱满芽处剪截培养结果母枝。每平方米（营养面积）留1.5～1.8个结果母枝，彻底疏除病虫枝、细弱枝、徒长枝、损伤枝、干枯枝及结果过的结果枝。4. 采集接穗并沙藏，接穗剪成5～6芽，每10枝一捆，埋藏到冷凉的湿沙中，沙子湿度以手握成团，放开松散，无水浸出最为合适。沙藏后勤检查，防止霉烂或抽干。5. 清理剪下的枝条、病枝残叶和残次果等，带出园外集中烧毁或深埋

附录 2 无公害果品生产禁用与限用农药

种类	农药名称	禁用作物	禁用原因
有机氯杀虫剂	滴滴涕、六六六、林丹、甲氧滴滴涕、硫丹	所有作物	高残毒
有机氯杀螨剂	三氯杀螨醇	蔬菜、果树、茶叶	工业品中含有一定数量的滴滴涕
有机磷杀虫剂	甲拌磷、乙拌磷、久效磷、对硫磷、甲基对硫磷、甲胺磷、甲基异柳磷、治螟磷、氧化乐果、磷胺、地虫硫磷、灭克磷（益收宝）、水胺硫磷、氯唑磷、硫线磷、杀扑磷、特丁硫磷、克线丹、苯线磷、甲基硫环磷	所有作物	剧毒、高毒
氨基甲酸酯杀虫剂	涕灭威、克百威、灭多威、丁硫克百威、丙硫克百威	所有作物	高毒、剧毒或代谢物高毒
二甲基甲脒类杀虫杀螨剂	杀虫脒	所有作物	慢性毒性、致癌
拟除虫菊酯类杀虫剂	所有拟除虫菊酯类杀虫刹	水稻及其他水生作物	对水生生物毒性大
卤代烷类熏蒸杀虫剂	二溴乙烷、环氧乙烷、二溴氯丙烷、溴甲烷	所有作物	致癌、致畸、高毒
阿维菌素		蔬菜、果树	高毒
克螨特		蔬菜、果树	慢性毒性
有机砷杀菌剂	甲基胂酸锌（稻脚青）、甲基胂酸钙胂（稻宁）、甲基胂酸铁铵（田安）、福美甲胂、福美胂	所有作物	高残毒
有机锡杀菌剂	三苯基醋酸锡（薯瘟锡）、三苯基氯化锡、三苯基羟基锡（毒菌锡）	所有作物	高残留、慢性毒性

（续）

种类	农药名称	禁用作物	禁用原因
有机汞杀菌剂	氯化乙基汞（西力生）、醋酸苯汞（赛力散）	所有作物	剧毒、高残毒
有机磷杀菌剂	稻瘟净、异稻瘟净	水稻	异臭
取代苯类杀菌剂	五氯硝基苯、五氯苯甲醇（稻瘟醇）	所有作物	致癌、高残留
2，4-D类化合物	除草剂或植物生长调节剂	所有作物	杂质致癌
二苯醚类除草剂	除草醚、草枯醚	所有作物	慢性毒性
植物生长调节剂	有机合成的植物生长调节剂	所有作物	
除草剂	各类除草剂	蔬菜生长期（可用于土壤处理与芽前处理）	

以上所列是目前禁用或限用的农药品种，该名单将随国家新出台的规定而修订。

图书在版编目（CIP）数据

猕猴桃高效优质省力化栽培技术/浙江省农业科学
院老科技工作者协会组编；谢鸣，张慧琴编著 .—北京：
中国农业出版社，2018.3（2018.12 重印）
（绿色生态农业新技术丛书）
ISBN 978 - 7 - 109 - 23690 - 5

Ⅰ.①猕… Ⅱ.①浙… ②谢… ③张… Ⅲ.①猕猴桃
－果树园艺 Ⅳ.①S663.4

中国版本图书馆 CIP 数据核字（2017）第 308389 号

中国农业出版社出版
（北京市朝阳区麦子店街 18 号楼）
（邮政编码 100125）
责任编辑 黄 宇

中国农业出版社印刷厂印刷 新华书店北京发行所发行
2018 年 3 月第 1 版 2018 年 12 月北京第 2 次印刷

开本：850mm×1168mm 1/32 印张：3.625 插页：4
字数：100 千字
定价：18.00 元
（凡本版图书出现印刷、装订错误，请向出版社发行部调换）

中华猕猴桃红阳结果状

金桃结果状（意大利）

黄金果（Hort 16A）结果状

海沃德结果状 海沃德雌花

华特结果状

金圆结果状 金喜果实

金喜结果状

魅力金（Charm Kiwifruit，Gold9）果实

Gree14 果实

玉玲珑结果状

猕猴桃种子

容器嫁接育苗

猕猴桃砧木组培容器苗

田间肥水同灌装置（意大利）

排水暗渠

T形架果园（意大利）

双层叶幕架（新西兰）

一干二蔓型树形

一干二蔓型树形萌芽状

一干二蔓型冬季修剪

夏季修剪——零叶处理

防冰雹网（意大利）

避雨大棚栽培

夏季覆盖遮阳网（浙江桐乡平原地区）

猕猴桃设施栽培（韩国）

缺 氮

缺 钾

缺 镁

缺 锰

缺 锌

溃疡病危害叶片状

溃疡病引起的枝枯状

溃疡病导致的猕猴桃主干流锈水状

高温干旱引起落花落果

高温干旱致苗木枯死

裂　果